KB138350

부모가
된다는 것

아이가 태어나는 순간
부모도 새로 태어난다

스베냐 플라스필러, 플로리안 베르너 지음
장혜경 옮김

부모가 된다는 것

아이가 태어나는 순간
부모도 새로 태어난다

나무생각

차례

1부 딸이 태어나다

2부 아들이 태어나다

들어가며

부모가 된다는 것은
철학적 모험이다

아이를 낳겠다는 결심은 우리의 실존을 밑바탕에서부터 뒤흔든다. 머리끝부터 발끝까지 부모의 보살핌과 사랑에 의지하는 작은 인간을 책임져야 하는데 어떻게 독립적인 생활을 유지할 수 있을 것이며, 개인의 자아를 실현하는 데 몰두한단 말인가? 갑자기 제3자가 여성의 신체를 요구하고, 심지어 잠시 동안 그 몸 안에서 살 것인데 어떻게 열정적인 생활이 유지될 수 있단 말인가? 임신과 출산이 근본적인 남녀의 생물학적 차이를 당장 눈앞으로 들이밀 텐데 어떻게 동등한 남녀 관계가 가능할 것인가?

우리 두 사람은 이 책에서 이런 질문들을 함께 좇을 것이다. 한 쌍의 짝으로서, 서로를 사랑하는 사람으로서, 서로 다투는 사람으로서, 두 아이의 부모로서. 우리는 15년 전에 만났고 10년 전에 딸을 낳았으며 3년 전에 아들을 낳았다. 철학자와 문예학자이기에 우리 부부는 아침 식탁에서 (아이의 턱받이를 채워주고, 엉망이 된 아이의 얼굴을 닦아주며, 떨어진 바나나를 집어 올리면서) 올바른 교육과 식생활 이야기만 나누는 것은 아니다. 우리는 부모 노릇의 철학적 차원에 대해서도 진지하게 토론한다. 아이를 낳으면 부부의 사랑도 더 커질까? 아니면 아이가 부부의 사랑을 대체할까? 부모가 되면 시간 감각이 어떻게 변할까? 엄마의 주도적 역할을 어떻게 해결할 수 있을까? 언젠가부터 우리는 이런 온갖 생각들을 기록하기 시작했다. 아이들은 자랐고 기록도 쌓여갔다. 그렇게 이 책이 세상에 나왔다.

여기 모은 기록들은 시간 순서로 되어 있다. 아이를 낳고 싶다는 (당연하지는 않은) 소망이 맨 처음이며, 더 이상 낳지 않겠다는 (힘든) 결정이 끝이다. 각 장의 제목은 곰곰이 생각해보지 않으면 임신, 출산, 부모 노릇과의 관련성을 얼른 찾아내기 힘들다. 우리는 조언을 하려는 것이 아니고, 수유와 기저귀 갈기, 밥 먹이는 방법을 알려주려는 것도 아니다. 우리는 단순한 한 문장에 숨은 실존적 차원을 밝히고자 한다.

"한 인간이 세상에 왔다!"

이 말이 과연 무슨 뜻일까? 이 질문은 출산에서 순수 생물학적 행위 이상을 들여다보겠다는 의미다. 수수께끼 같은 세상을 헤쳐 나가는 아이를 곁에서 동행할 때면 세상은 다시 낯설어진다. 기어 다니는 아기의 눈으로 보면 식탁 의자는 너무나

괴상망측하고, 새내기 부모에게는 지금껏 '정상'으로 느껴지던 일상이 기괴하기만 하다. 부모가 된다는 것은 한 아이를 책임지고 사랑하고 보살피는 것으로 끝나지 않는다. 자신의 삶을 지금까지와는 다르게 생각할 수 있는 기회이기도 하다. 아이를 낳으면 부모도 다시 태어나는 것이다.

철학자 한나 아렌트는 이런 관점을 열어준 사람이다. 그녀의 스승이자 애인이었던 마르틴 하이데거는 삶을 끝에서부터, 죽음으로부터 생각했지만 아렌트에게 실존은 시작이었다. 우리 모두는 한때 새롭게 이 세상에 존재했다. 따라서 우리 마음 깊은 곳에는 새로운 출발의 능력이 깃들어 있다. "모든 탄생과 더불어 새 출발이 세상에서 가치를 발휘할 수 있는 것은 오직 그 새내기에게 스스로 새 출발을 할, 즉 행동할 능력이 있기 때문이다."라고 아렌트는 말했다. 인간은 행동하는 존재다. 인간만이 마음을 먹고 변화를 꾀하며 해묵은 습관과 확신을 버릴 능력이 있기 때문이다. 인간은 미지를 향해 나아갈 수 있다.

아이를 낳기로 결심한 커플 또한 바로 그런 인간이다. 그들은 (신체적으로, 지적으로, 사회적으로, 정치적으로) 완전히 새로운 것에 도전한다. 우리 부부의 경우 출산은 전혀 전통적이지 않은 성 역할의 분담을 동반했다. 정규 직장은 아내의 몫이었다. 아이들이 아프면 남편이 집에 남았다. 그럼에도 우리의 경험으로 볼 때 엄마와 아빠의 역할은 바꾸고 싶다고 다 바꿀 수 있는 것은 아니기에 각자의 경험은 매우 특수하다.

이 책의 각 장들은 엄마와 아빠 개인의 이야기를 들려줄 것이다. 엄마와 아빠 각자에게 전혀 다르게 다가온 생각과 상상과 인식과 희망을 반영할 것이다. 둘 중 누가 썼느냐에 따라 ♀과 ♂로 표시해두었다. 우리가 무성생식의 세포가 아니라 각기 다른 관점에서 재생산에 필요한 다른 몸을 가진 두 사람이라는 그 사실이야말로 부모 노릇을 정말로 흥미진진하게, 아름답게, 그리고 복잡하게 만드는 것이다.

당연히 의견이 항상 일치하는 것은 아니며, 때로 정반대의 입장을 주장하기도 한다. 그래서 상대의 말을 자르고 끼어들고 반박하고 상대의 맹점이나 실수를 지적하여 (잘되면) 상대에게 새로운 사상과 깨달음을 불러일으키기도 한다. 철학자 플라톤은 스승 소크라테스의 문답법을 '산파술maieutike techne'이라고 칭했다. 친밀한 두 사람이 힘을 합쳐야 새로운 인간 및 사상이 세상에 올 수 있다. 우리 역시 이 책으로 몇 가지 생각과 깨달음을 불러올 수 있기를 바란다. 제 발로 설 수 있고, 낳아준 부모로 그치지 않고 더 많은 사람들에게 기쁨을 줄 수 있는 생각과 깨달음을 말이다.

1부

**딸이
태어나다**

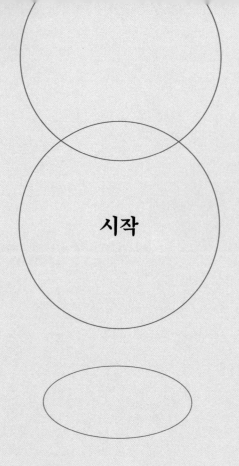

시작

아이를 낳기로 한 순간
돌이킬 수 없는 변화가 일어난다.

♀　　　　젊은 시절의 플로리안과 내가 부엌 식탁에 앉아 있다. 늘 그렇듯 (둘이서 고즈넉하게) 신문을 읽으며 아침을 먹는 동안 우리는 네댓 마디를 주고받지만, 당시만 해도 미처 그 말들의 의미를 깨닫지 못했다. 지난 몇 달 동안 나누던 대화의 실마리를 다시 붙들어 이어갔던 그 말들이 정확히 어떤 문장이었는지도 희미하다. 하지만 그 몇 마디를 마친 후 나는 욕실로 가서 작은 분홍색 알약이 든 약갑을 휴지통에 던졌다.

그 순간 일은 벌어진다. 내가 알약을 버리고 플로리안이 찻잔을 씻는 동안 우리에게는 돌이킬 수 없는 변화가 일어난다. 그때부터 우리는 몇 분 전의 그 커플이 아니다. 우리는 아이를 원하는 커플, 제3자를 그리워하는 커플이다. 이 제3자가 누구인지 우리는 아직 모른다. 상상조차 할 수 없다. 어떤 존재일지, 우리를 어떻게 변화시킬지 전혀 예측할 수 없다.

내 눈을 닮았을까? 머리 색깔은 어떤 색일까? 발은 누구를 닮았을까? 그 존재를 품에 안으면 어떤 기분일까? 힘줄 하나하나까지 그 작은 몸뚱이를 전부 내게 의탁하는 존재를 품에 안으면 어떤 마음이 될까? 나는 그 존재를 플로리안보다 더 사랑하게 될까? 플로리안은 아이를 나보다 더 사랑하게 될까?

철학자 에마뉘엘 레비나스Emmanuel Lévinas는 아이를 원하는 커플이 겪는 변화를 상세하게 설명하였다. 레비나스도 잘 알았다. 아이를 바라는 소망은 구체적이지만 정작 그 소망이 이루어진 뒤의 변화에 대해서는 모든 커플이 깜깜하다는 것을 말이다. 《전체성과 무한》에서 그는 '절대적 미래'에 대해 이야기한다. 능력과 재능을 이용하여 의도적으로 조종할 수 없는 미래, 조종은커녕 예측조차 할 수 없는 미래다.

"가능한 것을 지배하는 권력이 만들어낼 수 없는 그런 미래와의 관계를 우리는 생식이라 부른다."

'생식'은 뜻대로 만들 수 있는 대상이 아니라 온전히 자율적으로, 제멋대로 일어나는 일이다.

물론 지금은 시대가 다르다. 레비나스는 1960년대 초에 그 책을 집필했다. 산전검사가 막 시작된 시대였다.(태아 초음파 검사가 시작된 때가 1958년이었다.) 21세기의 의사는 아이가 건강하게 태어날지, 딸인지 아들인지, 머리 둘레는 얼마일지, 목주름이 얼마나 두꺼울지도 예상할 수 있다. 그러나 제아무리 정교한 기술을 갖추었어도 이런 지식이나 통계는 근본적으로 별 쓸모가 없다. 그 누구도 우리에게 건강한 아이를 보증하지 않는다. 우리가 낳을 아기가 우리의 삶을 풍요롭게 할지, 괴롭힐지,

더 나아가 우리의 사랑을 죽일지 그 누구도 말해줄 수 없다.

　레비나스가 말한 생식은 계획 가능성, 최적화, 효율성, 자율성의 반대말이다. 그것은 현대의 본질적 작동 원리와 최고 가치에 위배된다. 생식은 도전이요, 도발이다. 당신은 독립적이라고 생각하는가? 당신의 인생을 뜻대로 할 수 있다고, 당신의 미래를 뜻대로 할 수 있다고 믿는가? 아이가 당신의 인생에 보탬이 될 것이라고, 당신의 인생을 앗아가지 않을 것이라고 확신할 수 있는가? 아이가 정체성 확립에 도움이 될 것이라고, 이 세상에 굳건히 뿌리내릴 수 있게 해줄 것이라고 믿는가? 아이를 통해 계속 살아갈 것이기에 인생이 덧없어도 위안이 될 것이라고 생각하는가? 이 얼마나 기막힌 착각이란 말인가! 당신의 아이는 당신과 같지 않을 것이다. 당신 혼자 만든 존재가 아니라 타인과의 결합으로, 남편(당시만 해도 남편이 아니라 남자 친구였다.)과의 결합으로 탄생한 존재다.

　레비나스는 말했다. "에로스는 자아의 회귀에 종지부를 찍는다." 에로스에서 탄생한 아이는 (물론 모든 것이 맞아떨어져야 한다. 출산도 마음대로 할 수 없다.) 이 종지부의 증거다. 그것은 자아와의 헤어짐이다. 따라서 시작은 끝이기도 하다. 미래의 생식을 향해 길을 나선 커플은 무언가를 끝맺는다. 과거는 두 번 다시 돌아오지 않을 것이다.

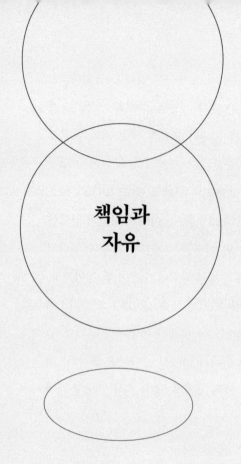

책임과
자유

사상과 결혼, 창조와 출산, 철학과 섹스.
정말 이것들은 상호 모순인가?

♀ 　　　구름 낀 2월 어느 오후의 베를린이다. 나는 찻주전자와 생크림 사과 케이크 한 조각을 앞에 두고 소파에 앉아 있다. 만삭의 배에는 니체의 《도덕의 계보》가 얹혀 있다. 임신 9개월, 이제 곧 딸이 태어날 것이다. 그래도 아직 몇 주가 남았고, 나는 이 황금 같은 출산 휴가 동안 직장에 다니느라 여유가 없어서 꼼꼼히 읽지 못한 철학책에 푹 빠질 예정이다.

　지금 나는 프리드리히 니체Friedrich Nietzsche를 읽는 중이다. 그 유명한 저서의 세 번째 논문에서 그는 '금욕적 이상'의 가치를 밝힌다. '금욕Askese'은 그리스어 '아스카인askein'에서 나온 말이며, 번역하면 '훈련하다'라는 뜻이다. 즉, 엄격한 금욕적 생활방식, 보다 숭고한 것을 위한 자기 극복을 의미한다. 어떤 것이건 유혹과 유흥을 포기하고 본질적인 것에 집중하지 않는다면 어떻게 자신의 힘을 펼치고 능력의 '최대치'를 추구할 수 있단 말인가? 금욕 없는 집중은 없고, 고통 없는 자기 극복은 없으며, 쉼 없이 훈련하지 않는 능력 향상이란 없다.

　니체에 따르면 이런 금욕적 생활 형태가 특히 더 필요한 특정 직업군이 있다. 나도 그 직업군에 포함되는 사람이다. 니체는 말한다.

"지금껏 위대한 철학자 중에 결혼한 사람이 누가 있었던가? 헤라클레이토스, 플라톤, 데카르트, 스피노자, 라이프니츠, 칸트, 쇼펜하우어. 그들은 모두 결혼하지 않았다. 그것만이 아니다. 우리는 결혼을 한 그들의 모습을 상상조차 할 수 없다. 결혼한 철학자는 희극이다. 이것이 나의 명제다."

그러니까 철학자로 불리고 싶은 사람은 고독한 삶을 선택해야 한다. 결혼을 하지 않을 것이며, 아이도 절대 낳지 않을 것이고, 오로지 사상에만 전념해야 한다. 은자 차라투스트라의 정신적 창조주 니체는 그래야 한다고 철석같이 믿었다.

물론 소크라테스는 니체도 인정했다시피 결혼을 했다. 그의 아내는 다들 아는 그 유명한 크산티페다. 하지만 그 고약한 아내는 철학자의 결혼이 희극이라는 사실을 더 확실히 입증했을 뿐이다. 진정한 철학자는 혼자 살아야 하며 혼자 살고 싶어 해야 한다.

철학자(니체는 당연히 남자를 생각했다. 철학하는 여자는 결혼반지를 낀 철학자보다 더 어이없는 농담이라고 생각했을 것이다.)는 단호하게 '가장 비범한 지고의 정신성'을 추구한다. 그렇게 함으로써 그는 결코 '실존'을 부정하지 않으며, 오히려 사상가로서의 '자기 실존'을 근본적으로 긍정한다. 니체의 말을 더 들어보자.

"마지막으로 철학자들의 '순결'에 관해서라면, 이런 종류의 정신은 자식을 낳는 대신 다른 곳에서 생산을 한다. (……) 그러나 그들의 순결은 금욕적 회의나 관능에 대한 증오와는 다르다. 운동선수나 경마 기수가 여자를 멀리한다고 해서 순결한 것이 아닌 것과 같은 이치다. 적어도 중대한 임신기의 여성을 멀리하려는 것이 그들의 지배적인 본능일 테니까 말이다. 자고로 예술가라면 작품을 준비하기 위해 정신적으로 크게 긴장한 상태에서는 동침이 얼마나 해로운 작용을 하는지 잘 알 것이다. 직감이 뛰어난 위대한 예술가라면 굳이 경험을, 나쁜 경험을 하지 않아도 그 사실을 알 것이다. 그들의 '모성 본능'이 그동안 비축하고 모아둔 모든 힘과 동물적 생명력을 완성 중인 작품을 위해 남김없이 쓰게 할 테니까 말이다. 더 큰 힘이 더 작은 힘을 다 써버리는 것이다."

♂ 스로인(나도 한마디!): 축구 국가대표 감독들이 선수들에게 중요한 경기를 치르는 동안에는 금욕을 명령하는 이유도 아마 니체의 이런 깨달음 탓인 것 같다.(하지만 브라질 축구 선수 호날두는 다 알다시피 경기 2시간 전 섹스를 해야 이긴다고 했다.)

쓰디쓴 충고가 아닐 수 없다. 그래서 나는 지금 만삭의 몸으로 소파에 앉아 자문한다. 내가 선택한 존재 방식을 이처럼

21

격렬하게 비난하는 니체의 주장을 어찌해야 할까? 사상과 결혼, 창조와 출산, 철학과 섹스. 정말 이것들은 상호 모순인가?

물론 니체가 자식이 있는 사람이 부러워 괜한 트집을 잡은 것이라며 웃어넘길 수도 있다. 그의 주장을 시대에 뒤떨어졌고 병적일 정도로 자기중심적이라고 비판할 수도 있다. 금욕을 하다하다 미쳐버린 에고마니아Egomanen에다가 자타가 공인하는 여성 혐오자의 말씀이니까 말이다. 하지만 그렇게 생각하고 치워버린다면 너무 단순한 대처일 것이다. 어쨌든 내 경험으로만 보아도 철학은 물론이고 특히 글쓰기는 고도의 금욕을 요하는 작업이다. 책상에 앉아 있을 때는 나 역시 아무와도 말하고 싶지 않다. 하물며 스킨십이야 두말할 것이 없다. 이런 은둔의 공간을 만들기 위해서는 엄청난 이기주의가 필요하다. 때로는 공격성도 필요하다.

그리고 바로 그 때문에 나는 지금의 나를 벌써 아이 엄마라고 생각하지 않는다. 나는 오래도록 결혼하지 않을 것이라고, 아이를 낳지 않을 것이라고 믿었다.(108쪽 '후회' 참고) 독립적으로 나만의 목표에 집중하기 위해서였다. 혹시 아는가? 플로리안을 만나지 않았더라면 정말로 니체가 찬양하는 그런 금욕의 이상에 헌신했을지.(176쪽 '책임', 192쪽 '자유' 참고)

마지막 케이크 조각을 포크로 뜨면서 나는 생각한다. 두 가지 종류의 생산성 중 굳이 하나를 택하고 싶지는 않다. 정신적 생식과 육체적 생식 중 꼭 하나를 택해야 할 이유가 어디 있단 말인가? 니체 스스로도 실존의 근본적 긍정을 요구하지 않았던가? 감각과 쾌락에 대한 기독교의 반감을 경멸한 사람이, 그것을 '노예 도덕'(인간의 인간다움을 구속하는 도덕을 일컬음―옮긴이)이라 비판한 사람이 바로 니체이지 않은가? 나는 둘 중 하나가 아니라 둘 다 원한다. 조금 더 야심차게, 조금 더 금욕적으로 표현하자면, 나는 니체가 실패했던 그 일을 해내고자 한다.

산파술

딸이 태어나는 순간 소크라테스에 대한
나의 믿음은 흔들렸다.

♂   첫아이가 태어나던 분만실에서 나는 난생처음으로 소크라테스를 의심했다. 플라톤이 《대화편》에서 설명했던 소크라테스의 철학 방법도 의심이 들었다. 물론 우리 딸이 세상의 빛을 찾아 길을 나선 그 몇 시간 동안 내게는 훨씬 더 중요한 다른 고민들이 있었다. 아무 일 없이 순산할까? 몇 시간이나 걸릴까? 왜 스베냐는 진통이 올 때마다 내 팔과 상체를 마구 때리는 걸까?(40쪽 '연민' 참고) 하지만 사이사이 이런 생각이 번쩍였다. 현명한 소크라테스는 아무것도 몰랐던 것이라고.

    《대화편》에서 테아이테토스Theaetetus가 밝혔듯, 소크라테스는 파이나레테Phaenarete라는 이름의 '정말로 씩씩하고 존경스러운 산파'의 아들이었고, 문답을 이용하는 철학 기술 역시 어머니에게서 배웠다고 한다. 소크라테스도 자신의 철학 방법(이미 지식을 자기 안에 담고 있지만 독자적으로 표현할 줄 모르는 상대에게서 지식을 끌어내는 방법)을 산파의 활동에 비유하였다. 생각을 잉태한 자는 질문을 받은 상대이고 철학자는 그저 생각의 출산을 도울 뿐이라고 말이다. 생각은 태아의 모습으로 이미 존재하기에 세상으로 나오기만 하면 되는 것이다. 그러나 소크라테스의 말처럼 그의 산파술은 전통 산파술과 이 지점에서 가장 큰 차이가 있다.

"내 철학 방법은 여자가 아니라 남자를 분만시키며, 산통이 찾아올 때 그들이 주목하는 대상은 몸이 아니라 영혼이다."

생각이라는 것이 '정신의 출산'이고, 그 생각이 무사히 세상의 빛을 보려면 경험 많은 산파가 필요하다는 주장은 매우 설득력이 높았다. 그래서 이마누엘 칸트도 《도덕의 형이상학》에서 타인의 이성에서 무언가를 캐내려면 대화밖에 다른 방법이 없다고 말했다.

"스승은 질문을 던져 제자의 사고 과정을 이끈다. 여러 경우를 제시하여 제자의 내면에 숨은 어떤 개념의 싹을 키우는 것이다.(스승은 제자의 생각을 이끌어내는 산파다.)"

이런 형태의 문답법은 산파술을 뜻하는 그리스어 '마이에우티케 테크네maieutike techne'에서 따와 흔히 '산파술Mäeutik'이라고 칭한다.

임신 기간 내내 스베냐와 나를 도와 출산 준비를 해주었던 그 친절한 프리랜스 산파(출산 도우미)라면 이런 비유가 맞을지도 모르겠다. 소크라테스가 말한 정신의 산파처럼 그녀 역시 "촉진제를 놓으면 (……) 진통이 시작되고 무통 주사를 놓으면 진통을 줄일 수 있다"는 사실을 잘 알았다. 하지만 정작 분만실에서 출산을 도왔던 병원의 산파(산부인과 의사)는 전혀 다른 종류의 사람이어서 그녀의 방법은 우리가 상상하던 것처럼 그렇게 부드럽지가 않았다. 내가 제대로 보았다면(하지만 그 충격적인 날의 내 기억은 뒤죽박죽이다.), 우리 딸이 몸은 아직 안 나오고 머리만 빠져나온 상태에서 그 산파가 양팔을 쭉 뻗은 채 아내의 동그란 배로 몸을 기울이더니 체중을 실어 위에서 아래로 배를 힘껏 내리훑었다. 말 안 듣는 돼지를 우리 밖으로 내모는 농부 아낙처럼 말이다. 다행히 결과는 성공이었다.

물론 나는 과감하게 출산을 도운 그 산파에게 죽을 때까지 감사할 것이다. 하지만 그날 이후 소크라테스에 대한 나의 믿음은 흔들렸다. 산파술을 실제로 사용했다면 소크라테스는 아테네 광장에서 그처럼 몇 시간씩 제자, 동료, 적수와 토론을 벌이지 않았을 것이다. 토론을 하다 말이 막히면 곧장 상대를 후려갈기고 고문을 해서 원하는 대답을 억지로 끌어냈을 테니까 말이다. 위대한 철학자가 산파의 아들일지는 몰라도 실제로 (자신의 출산을 제외하고는) 출산 현장에서 어머니가 하는 일을 지켜봤을 것 같지는 않다. 어쨌든 그가 여자의 신체보다는 남자의 영혼에 대해 훨씬 더 많은 것을 알았던 것만은 분명하다.

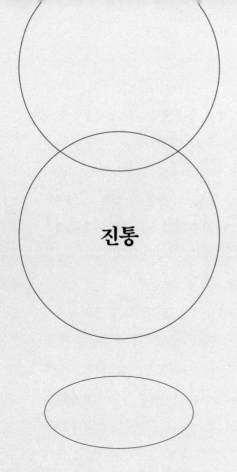

진통

존재하는 것은 오직 통증뿐이다.
모든 상상과 모든 설명을 넘어서는 통증!

♀   나는 분만실 타일 위를 맨발로 걷는다. 그러다 맹수처럼 씩씩거리며 분만실을 오간다. 이리 갔다 저리 갔다, 이리 갔다 저리 갔다….

플로리안은 침상에 앉아서 규칙적으로 묻는다. 목이 마르지 않느냐, 도와줄 건 없느냐… 그리고 내가 괜찮다고 하면 다시 얌전히 찌그러진다. 도통 가까이 오려 하지 않는다.

다시 시작된다. 내장 저 안쪽에서, 저 멀리서 통증이 굴러온다. 가까워질수록 격렬해진다. 이제 곧 몇 초만 있으면 끔찍해질 것이다.

셋, 둘, 하나… 통증이 내 몸을 관통하며 온몸을 찢어발길 것만 같다. 내 안에 있지만 내 몸에 들어가기에는 너무 큰 그 무엇처럼. 게다가 예리하고 뜨겁기까지 하다.

내 몸이 찢어지기 직전 통증은 다시 몸 밖으로 빠져나간다. 커다란 비명이 되어서. 의심의 여지없이 내가 내지르는 비명이지만 나는 더 이상 그곳에 존재하지 않는다. 존새하는 것은 오직 통증뿐이다. 모든 것을 넘어서는, 모든 상상과 모든 설명을 넘어서는 통증!

기억나는 한 장면이 있다. 출산 전, 아마 임신 30주 무렵이었을 것이다. 한 친구를 만났는데, 그녀가 출산은 파도타기 같다고 했다.

"산통은 파도야."

두 아이를 낳아 지금껏 예방접종을 한 번도 안 했고 당연하듯 아이들을 발도로프 어린이집에 보내는 A가 환하게 웃으며 말했다.

"파도가 클수록 좋아. 파도를 억지로 밀어내지 말고 가만히 지켜보다가 훌쩍 올라타는 거야. 그리고 소리 지르는 거지. 우우우아아아하하!"

그 비유가 마음에 들었다. 내가 열정적인 서퍼이기도 하지만 절대 하고 싶지 않은 일을 하지 않을 수 있는 길이 열리는 것 같았기 때문이다. 당시만 해도 나는 절대 무통 주사를 맞지 않겠다고 결심했다. 진통제는 절대 안 된다. 내 눈에 흙이 들어가기 전에는.

며칠 후 만난 다른 친구 L은 내가 신이 나서 A한테 들은 파도 이야기를 떠들어대자 그런 말은 '전부 엉터리'라고 말했다. A와 달리 L은 '도시 아동보관시설'(A의 표현)에 아이들을 보내고, 1만분의 1초도 고민하지 않고 아이들에게 필수 예방접종을 하나도 빼놓지 않고 다 했다.

"마취 없이 견디겠다고? 무슨 되지도 않은 야심이야? 마조히스트야? 아나키야? 정신 차려! 치과에 가서는 마취하잖아. 안 그래?"

당연히 L의 말이 옳다. 나는 실제로 야심만만하다.(수십억 여성들이 해냈던 일이니 나도 할 수 있다!) 그리고 호기심도 몸을 아끼지 않을 정도로 많다.(말로 표현할 수 없다고들 하는데, 네안데르탈인 여자들도 느꼈을 그 통증이 궁금하다. 어떤 느낌일까?) 셋째로 나는 약에 대한 거부감이 극심하다. 두통약도 극단의 비상 상황이 아니면, 다시 말해 머리가 폭발하기 직전이 아니면 절대로 먹지 않는다.

정신분석학에 기초한 나의 자아상과 세계상에 따르면 통증이란 단순한 장애나 우연이 아니라 신호다. 덕분에 초물질적 존재를 부정하는 남편 플로리안은 주기적으로 폭발한다.("우울한 게 아냐! 난 그냥 등이 아프다고!")

♂ 맞다. 몸과 마음이 하나라는 아내의 주장을 나는 심각하게 의심한다. 아내는 몸은 마음의 표현 수단에 불과하며, 모든 통증은 무의식의 모르스 신호이고, 모든 뾰루지는 느낌표이며, 피부는 편지지에 불과하다고 주장한다.

나는 그런 주장이 몹시 부담스럽다. 실존의 두 가지 측면인 마음과 몸을 동시에 건드리기 때문이다. 그래서 때론 굳이 마음의 원인을 찾지 않고 그냥 편안하게 아플 수 있으면 좋겠다.

지금 남편이 이 분만실에서 야단법석을 떨지 않고 가만히 나의 고통을 지켜보는 것은 정신사적 이유 때문이 아니다. 평소 워낙 내 뜻을 존중해주기도 하지만 그보다는 의학적인 이유가 더 크다. 임신 초기에 산부인과 의사도 그랬듯이 마취를 하지 않는 편이 더 안전하다고 하니까 말이다. 마취를 할 경우 근육이 마비되어 산모가 적극적으로 출산을 돕지 못할 수도 있다고 한다.

플로리안 역시 당연히 그런 상황을 원치 않을 것이다. 그래서 "안 돼! 그만 중지! 당신들 내 아내한테 무슨 짓을 하는 거요?"라고 외치지 않고 그저 사랑스럽게 내 손을 쓰다듬는다. "여보, 당신은 할 수 있어!"라고 속삭이며.

왜 나는 두 번의 출산 모두 끝까지 진통을 참았을까? 지금 와서 돌아보아도 여전히 이유를 모르겠다. 일종의 저항일까? 진짜에 대한 집착? 학구열? 의사의 설명이 충분히 납득되어서 그랬을까? 아마 이유는 딴 곳, 그러니까 출산 과정 그 자체에 있을 것이다.

열 달 가깝게 나는 아이를 내 몸에 담고 있었다. 나와 결합되어 나의 일부였던(138쪽 '쿠겔멘쉬' 참고) 아이를! 그리고 이제 그 아이가 세상에 나온다. 출산은 나의 몸 깊숙이 들어와 나와 아기의 몸을 가르는 근본적 분할이다.(46쪽 '모성애' 참고) 앞선 진통처럼 말로는 도저히 표현할 수 없는 잔인한 과정이다. 그러기에 적어도 나는 출산이라는 사건과 두 개이던 심장이 다시 한 개로 돌아간 현실을 날것의 신체 경험 말고는 달리 소화해 낼 방법이 없었던 것 같다.

탯줄
자르기

몇 층짜리 케이크 위에 딸기 한 알을 올리고
칭찬받는 꼬마가 된 기분이란!

♂   당연히 나는 딸의 출산 현장에 있었다. 스베냐에게 마음으로나마 힘이 되고 싶었다. 제때 쿠션을 대주고 손을 잡아주고 뺨을 쓰다듬어주고 유익한 충고를 해주고 함께 호흡하고 싶었다. 매일 수백만 번 일어나지만 세상에 단 한 번밖에 없는 그 순간을 함께하고 싶었다. 아무도 없던 곳에 갑자기 무언가가 나타나는 그 유일무이한 순간, 갑자기 무언가가 존재하여 더 이상 무無가 아닌 그 순간을!

내가 원치 않았던 것은 탯줄 자르기였다. 우리는 지금 잘사는 산업국가의 유명한 병원 분만실에 있다. 분만실에는 의사와 간호사처럼 고등교육을 받은 전문 의료진들이 가득하다. 그런데 왜 하필이면 의학에 문외한인 내가 그런 외과 수술을 감행한단 말인가? 탯줄을 자르고 싶었다면 나는 애당초 산파가 되었을 것이다.(실제로 대체 복무 기간에 그런 조언을 들은 적이 있다. 물론 그 말을 한 사람은 내가 담당하던 정신분열 편집증 환자였다.) 그러니까 한마디로 말이 안 되는 소리다. 나는 절대 저 이상하게 생긴 가위를 들지 않을 것이며….

그러나 실제로 그 순간이 찾아오자 나는 절대 들지 않으리라 작심했던 그 가위를 나도 모르게 받아들었다. 딸이 버둥거렸고, 심장이 두근거리며 눈물이 차올랐다. 의사가 내 손에 가위를 쥐여주자 아주 잠깐의 망설임 끝에 나는 가위를 일러준 자리에 대고 젤리 같은 결합조직을 잘랐다. 피가 튀었고, 가위를 돌려주자 의사가 피 묻은 안경알 너머로 힐난의 시선을 내게 던졌다. 나는 생각했다. 아, 결심을 꺾는 게 아니었는데….

그런데 나는 왜 그렇게 탯줄 자르는 게 싫었을까? 행위의 상징은 누가 봐도 명확하다. 아이는 탯줄을 통해 엄마와 연결되어 있다. 일정 정도는 엄마에게 묶여 있다. 페터 슬로터다이크Peter Sloterdijk는 말했다.

"탯줄은 모든 족쇄의 어머니다."

따라서 전통적으로 아버지에게는 아이를 해방시킬 의무가 있다. '엄마-아이'라는 이중 관계에 개입하여 '아빠-엄마-아이'의 삼각관계를 열어야 하는 것이다. 생리학적 탯줄 자르기는 원초적 합일로부터 신생아를 떼어내는 심리적 분리의 몸짓이기도 하다. 문예학자 엘라자베스 브론펜Elisabeth Bronfen은 말했다.

"탯줄 자르기는 출산 전 어머니 몸의 압도적인 온전함에서 분리되었음을 (……) 알리며, 그럼으로써 상실로 인한 연약함을 전능과 결합시킨다."

뭐, 여기까지는 그래도 괜찮다. 정신분석적이니까. 내가 못마땅하게 생각하는 지점은, 첫째, 앞서도 말했듯이 그 숭고한 상징과 실제 행위의 극단적 불균형이다.

♀ 빈약한 논리라고 나는 생각한다. 이런 불균형이야말로 의식의 특징이다. 기독교 미사에서 볼 수 있는 그 멋들어진 제스처들을 생각해보라. 구운 과자를 먹고 와인을 마시는 건 사실 누구나 할 수 있다. 그러나 중요한 핵심은 그 행위의 상징성, 그것이 가리키는 성격에 있다.

햇병아리 아빠가 가위를 손에 쥐는 순간에는 사실 분만의 중요한 절차는 이미 다 끝났다. 아이는 태어났고 누가 봐도 생명의 위험이 없으며(만일 위험했다면 그런 상징적인 연극이나 하고 있을 시간이 없었을 것이다.) 이미 탯줄을 묶어 혈액 순환을 중단시켰다.(우리 딸의 경우는 꼼꼼하지 못했던 것 같다. 잘했으면 피가 안 튀었을 텐데 말이다.) 그에 비하면 탯줄 자르기는 애들 장난이다. 잘못될 것이 없는 하찮은 일이지만 그럼에도 엄청난 심리역동적 의미가 부여된다. 나는 몇 층짜리 멋진 케이크 위에 마지막으로 딸기 한 알을 올리고서 손님들에게 정말 잘했다고 과하게 칭찬을 받는 꼬마가 된 기분이었다.

둘째, 그것과 연관하여 이 제스처의 공허한 상징은, 우리

남성들이 (기능이 세분화되고 의학기술이 고도로 발달한 지금 같은 세상
에서는) 아이가 태어나는 순간부터 우리 후손의 신체적 건강을
위해 할 수 있는 일이 하나도 없으며 기껏해야 경제적, 심리적,
상징적 관점에서나 일조할 뿐이라는 현실을 우악스럽게 상기
시킨다. 우리 아내들이 사마귀 암컷처럼 수정이 끝나자마자 곧
바로 우리의 머리를 씹어 먹어버린다고 해도 문제될 것이 하
나도 없을 것이고, 아이는 계획대로 잘 자라 탈피를 할 것이다.
특히 병원에서 출산을 할 경우 우리는 전혀 중요한 역할을 하
지 못한다. 우리가 산파들에게 들을 수 있는 최고의 칭찬은 거
치적거리지 않았으며 괜히 감정을 주체하지 못해 분만실에서
내쫓기는 사태를 만들지 않았다는 정도다. 그래서 우리 남편도
뭔가 할 것이 있어야 하니 사람들이 우리 손에 가위를 쥐여주
는 것이 아닐까? 참 공허한 위로다.

> ♀ 이건 지금도 우리 부부가 자주 부딪치는 지점이다. 나는 아버
> 지의 몫을 높이 평가함으로써 어머니의 지배를 상대화하는 의식
> 과 상징 행위에 찬성하지만, 플로리안은 이런 식의 재평가를 '가
> 장무도회'라고 비판한다. 출산 시점부터 그는 생물학적으로 다른
> 남성과 여성의 의미를 분명히 깨닫고 (이 책은 물론이고 자연에 관
> 한 다른 책에서도) 거론하고 있다. 그러면서 왜 상징을 이토록 싫
> 어하는 것일까?

셋째, 무엇보다 행위의 고리타분함이 당혹스럽다. 계몽주의 시대로부터 무려 250년이 지난 시점에 소위 합리적이라는 사람들이 세속적인 베를린 한가운데에 자리 잡은 의학의 메카인 병원에서 묻지도 따지지도 않고 그런 원시적 의식에 참여한다는 사실이, 그런 의식에 강제 동원된다는 사실이 원시시대로의 회귀처럼 느껴진다. 무비판적으로 탯줄을 자르는 사람이라면 그 탯줄을 우걱우걱 씹어 먹을 수도 있을 것이고, 대지의 여신 가이아에게 감사하기 위해 사냥터에서 나무를 끌어안을 수도 있을 것이다. 우리의 할아버지의 할아버지의 할아버지의 할아버지에게는 주먹도끼로 아내의 탯줄을 자르는 것밖에 다른 도리가 없었을 것이다. 그런 다음에는 아버지로서 엄청난 만족감을 느꼈을 것이고, 처음으로 삼각관계의 세 번째 주인공이 된 기분이었을 것이다. 하지만 우리는 굳이 그래야 할 필요가 없다.

그럼에도 우리가 그런 의식을 하는 것은 영성과 흙을 향한 포스트모던적 동경 탓일 것이다. 너무나도 세속적인 우리 일상에서 이제는 사라져버렸지만, 그래도 출산이나 죽음 같은 실존의 끝자락에서 기댈 언덕이 되어주는 의식인 것이다. 그러나 진정한 현대인이고 싶다면, 조금만 불안해도 음울한 미신에 빠지는 사이비 계몽주의자를 넘어서고 싶다면 그런 제스처와 의식의 탯줄 역시도 과감하게 잘라버려야 할 것이다.

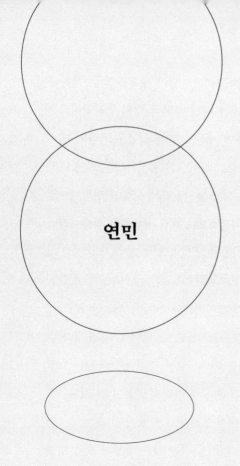

연민

결국 나는 아내가 견뎌야 하는 고통에서
수만 마일이나 떨어져 있었다.

♂ 　　원래 나는 동정심이 많은 사람이었다. 차에 치인 민달팽이만 보아도 고통스러워하는, 그 생명이 가여워 고통을 줄여주기 위해 최선을 다하는 연민의 대가였다. 그리고 그 사실에 대해 조금도 부끄러워하지 않았다.

사실 근대 철학사에서 연민만큼 긍정적인 평가를 받은 감정은 거의 없다. 장 자크 루소, 데이비드 흄, 애덤 스미스 같은 사상가들은 연민을 도덕적 행동의 기틀로 삼았고, 아르투어 쇼펜하우어는 연민을 모든 도덕적 행동의 원동력이라고까지 추앙했다. 쇼펜하우어의 저서 《도덕의 기초에 대하여》에는 이런 구절이 있다.

"연민에서 우러나온 행동만이 도덕적 가치를 갖는다. 어떤 동기든 연민이 아닌 다른 동기에서 나온 행동은 도덕적 가치가 없다."

그렇기 때문에 더욱 나는 바로 그 순간, 첫아이를 출산하면서 고통에 몸부림치는 스베냐에게 아무런 연민을 느끼지 못했던 내가 무척 당혹스러웠다.

앰뷸런스에서 기다릴 때부터 아내는 진통 때문에 거의 기절할 지경이었다. 병원으로 실려오는 동안 진통의 강도는 (평소 엄살 부리지 않는 아내가 신음 소리를 내며 얼굴을 잔뜩 찌푸린 것으로 미루어 보건대) 더욱 심해졌다. 나중에 분만실에서는 두 주먹으로 나를 패기 시작했다.

다른 때였다면 심각한 부부 싸움의 빌미가 되었겠지만 당연히 그런 말을 할 가치조차 없는 상황이었다. 결국 나는 아내가 견뎌야 하는 고통에서 수만 마일이나 떨어져 있었던 것이다.(28쪽 '진통' 참고) (결혼식을 포함하여) 우리 인생의 그 어떤 사건보다 더 우리를 하나로 결합시켰을 사건이 일어나는 그 순간 우리는 정서적으로 전혀 다른 세계에 있었다. 아내는 짐승처럼 고통스러워했고 나는 아무런 고통이 없었으므로 연민도 느끼지 못한 채 하릴없이 옆에 앉아 있었다. 그렇다면 나는 (쇼펜하우어가 말한) 나쁜 인간일까?

그 대답을 하자면 '연민'이 정확히 무엇인지 알아야 한다. 한편으로 연민은 현재의 감정, 즉 실제로 다른 사람의 감정을 함께 느끼는 체험을 의미할 수도 있다. 하지만 프랑스 철학자 롤랑 바르트Roland Barthes의 말대로라면 특히 고통의 경우 그런 체험은 불가능한 일이다.

"왜냐하면 내가 '정직하게' 다른 사람의 불행과 나를 동일시하는 그 순간에 나는 그 불행에서 그것이 나 없이 진행되며,

그 다른 사람이 (······) 나를 곤경에 빠트린다는 사실을 읽어내기 때문이다."

《사랑의 단상》에서 롤랑 바르트는 이렇게 말했다.

"나의 저편에서 일어나는 일이니만큼 그의 고통은 나를 무익하다고 선언한다. 그 결과 역전이 일어난다. 다른 사람이 나 없이 괴로워하는데 내가 왜 그 대신 고통스러워야 한단 말인가? 그의 불행은 그를 내게서 아주 멀리 떼어놓는다."

인정머리 없이 들릴지도 모르지만 롤랑 바르트의 이 말은 아내의 고통을 지켜보며 내가 느꼈던 분열을 너무나도 정확하게 설명해주었다.

하지만 또 한편으로 '연민'은 (보다 보편적으로, 또 시간을 초월하여) 행동의 성향을 의미할 수도 있다. 다시 말해 자신의 정서적 입지를 포기하고 타인의 입지에 다가가는 능력 혹은 마음 자세를 말하는 것이다.

이처럼 연민에 바탕을 둔 윤리가 쇼펜하우어의 생각처럼 현재의 감정이 아니라 공감의 능력을 뜻한다는 증거는 많다. 그렇게 본다면 연민에서 비롯된 행동은, 첫째, 가까운 사람의 고통을 근본적으로 인식하는 것이며, 둘째, 그 고통을 나누지는 못한다 해도 이론적으로 그것이 자신의 감정일 수 있다는 사실을 인정하는 것이다.

"우리가 언제 (······) 타인의 고통을 보고 울컥하여 울게 된다면, 그것은 우리가 (……) 그의 운명에서 전 인류의 운명을 보고, 무엇보다 우리의 운명을 보아서다. 다시 말해 멀리 에둘러 다시 우리 자신 때문에 우는 것이며, 우리 자신에게 연민을 느끼기 때문이다."

마지막으로, 연민이란 그 고통을 최대한 줄이고 향후 그 고통의 원인을 예방하기 위해 최선을 다하는 것이다. 하지만 이런 정의는 안타깝게도 이내 또 다른 문제들을 발생시킨다.

첫째, 나는 스베냐의 산통을 줄여줄 수 없었다. 손을 잡아주고 용기를 주고 아내와 호흡을 맞추면서 조금이나마 도움이 되었을 것이라 자위하였지만 근본적으로 아내의 고통을 줄여줄 수는 없었다.

두 번째 문제는 더 중대하다. 나는 과연 앞으로 아내의 이런 고통과 이 비슷한 고통을 덜어주고 싶었을까? 절대 아니다. 출산이 끝나고 황홀할 만큼 예쁜 딸아이를 품에 안자마자 나는 얼른 아이를 하나 더 낳고 싶었다. 그다음에도 또 하나 더, 또 하나 더…. 스베냐가 그로 인해 몇 번이나 산통의 지옥을 지나야 한다 해도 여전히 그럴 것이다.

그래서 나는 깨달았다. 한 번 이상 아버지가 되려는 사람에게는 두 가지 가능성밖에 없다. 우리 아버지의 아버지들이 그러했듯 최악의 고통이 찾아온 순간 아내를 혼자 내버려두고서 비명이 그칠 때까지 담배를 뻑뻑 피우면서 병원 앞을 왔다 갔다 하거나, 아니면 철학사에서 가장 중심이 되는 연민이라는 감정을 포기하고 아내에 대한 공감보다 자신의 이기적 목표를 더 중시하는 법을 배우는 것이다. 달리 말하면 적어도 잠깐이나마 아주아주 나쁜 인간이 되어야 하는 것이다.

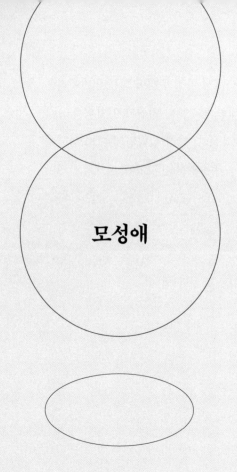

모성애

아이에게 다가갈수록 심장이 요동친다.
이게 사랑일까? 아니면 그냥 동물적 본능일까?

♀   2008년 2월의 어느 날, 나는 베를린 자선병원의 엘리베이터에 타서 거울을 들여다본다. 더 정확히 말하면 나의 배를 쳐다본다. 아기가, 우리 딸이 아직 그 안에 들어 있는 것처럼 양손으로 받치고 있던 그 배를! 하지만 아기는 배 속에 없다. 몸의 중요한 일부를 절단해버려서 이제는 온전한 인간이 아닌 것 같고, 앞으로도 영원히 온전하지 못할 것 같은 묘한 기분이다.

며칠 전 1월 31일에 우리 딸이 태어났다. 예정일을 6주 앞서 임신 34주째에 양수가 터졌다. 그대로 응급실행이었다. 우리는 원래 분만하려고 생각했던 작은 판코프 병원 대신 대학병원으로 향했다.

"거긴 신생아과가 없어요."

앰뷸런스 기사가 동료와 힘을 합쳐 이동식 침대에 누운 나를 5층에 있는 우리 집에서 1층까지 데리고 내려오면서 설명해주었다. 그러니까 조산 때문에 나는 신생아과 병동이 있는 큰 병원으로 가야 하는데, 제일 가까운 병원이 시내에 있는 자선병원이었던 것이다.

출산 직전 무슨 일이 있었는지 기억이 잘 나지 않는다.(플로리안이 내내 곁에 있었나? 내가 어떻게 분만실로 갔을까? 언제 환자복으로 갈아입었지?) 그러나 '창졸간에' 아이를 낳은 직후 몇 분 동안 내 가슴에 엎드려 있던 딸아이의 모습은 또렷하게 기억이 난다. 2.255킬로그램. 나는 혹시라도 추울까 봐 양손으로 아이의 작은 등을 덮어 감쌌고, 분만실의 차가운 빛을 피해 아이를 데리고 털가죽 밑으로 기어들어가고 싶었다. 하지만 그럴 수 없었다. 의사인지, 산파인지 누군가가 아이를 조심스럽게 집어 올려 이런저런 검사를 한 후에 조산아 병동으로 데리고 갔다. 아이는 지금 번쩍거리는 온갖 기계의 감시를 받으며 온열 매트 위에 누워 있다.

나는 조산아 병동보다 위쪽에 자리 잡은 12층의 산모 병동으로 올라가 입원을 했다. 마침 병실이 나와서 다행이었다.(대부분의 산모는 집으로 돌아가 매일 정해진 시간에만 아이를 보러 올 수 있다. 나라면 절대 그렇게 못한다.) 물론 병동에도 면회 시간은 엄격히 정해져 있어서 규정대로라면 나는 아이를 네 시간에 한 번씩 면회할 수 있고, 밤에는 전혀 보지 못한다. 입원 첫날 간호사는 규정을 설명하면서 이렇게 덧붙였다.

"차라리 잘되었다 생각하고 이참에 푹 쉬세요."

간호사는 나를 생각해서 한 말이었지만 나는 새끼를 뺏긴

어미 사자처럼 분노했다. 내가 길길이 날뛰면서 항의하자 병원 측은 내게 언제라도 아이를 볼 수 있게 허락했다.

그날 이후 나는 언제든지 원할 때면 아이에게 갈 수 있다. 바로 지금처럼. 새벽 3시, 엘리베이터는 4층을 지나고 있다. 짜서 젖병에 담은 모유는(아직 우리 아기는 엄마 젖을 빨 힘이 없다. 하지만 직접 젖을 먹이겠다는 나를 누가 말리겠는가?) 아직 따뜻하다. 아이에게 다가갈수록 심장이 요동친다. 이게 사랑일까? 아니면 그냥 동물적 본능일까?

프랑스 페미니스트 철학자 엘리자베트 바댕테르Elisabeth Badinter는 둘 다 아니라고 주장한다. 영향력 있는 저서《모성애》에서 그녀는 우리의 모성 이미지가 역사적 영향을 얼마나 많이 받는지를 잘 보여준다. 이를테면 17세기와 18세기 프랑스 상류사회에서는 수유를 하면 비웃음을 받았다. 아이를 낳으면 너무나 당연히 유모에게 건네주었다. 지금 우리로서는 상상도 못할 일이다.

"그렇기 때문에 어쩌면 잔혹할지도 모를 결론을 지나치지 못한다. 모성애는 감정에 불과할 뿐이며, 그 자체로 상황에 좌우된다는 결론 말이다. 이 감정은 존재할 수도 있고 그렇지 않을 수도 있으며, 나타날 수도 있고 사라질 수도 있다."

바댕테르 같은 20세기와 21세기 포스트페미니스트들의 글을 열광하며 읽었던 시절이 있었다. 이 얼마나 엄청난 해방인가! 이 얼마나 멋진 축복인가! 엄마들을 더 이상 생물학에, 자연적이라고 떠들어대는 그런 감정에 얽매지 않다니! 새 시대로 떠나자! '여성들'(확신에 찬 포스트페미니스트라면 인용부호를 붙여야만 쓸 수 있는 단어)도 '남근을 갖는'(포스트페미니즘이 비판적으로 대응한 정신분석학자 자크 라캉의 복잡한 명제) 그런 새 시대로!

하지만 지금의 나는, 완곡히 표현하자면 의심이 든다. 그 옛날 여성들도 자기 자식을 잠깐씩만 유모에게 넘겼을 것이다. 바댕테르는 (그 아이들과 그 여성들이) 그때 어떤 기분이었을지 알까? 역사적 도덕 기준이 변할 수 있다고 해서 모성애도 자동적으로 따라 변했다고 볼 수 있을까? 모성애가 역사적 관습처럼 변할 수 있고, 우연적일까? 더 나아가 감정에 '불과' 하다는 말이 정확히 무슨 뜻일까?

분명 (어떤 이유이건) 아이에게 사랑을 느끼지 않고 심지어 아이를 죽이는 여성들도 있다. 하지만 그것만 보고서 모성애를 존재할 수 있고 아닐 수도 있는, 완전히 자의적인 감정이라고 결론을 내릴 수 있을까? 그런 사건이 오히려 더 규칙을 입증하는 예외인 것은 아닐까? 포스트모던 헤게모니의 비판을 좇아서 모든 예외를 곧바로 정상 취급하는 것이 과연 설득력이 있을까?

간호사의 마뜩찮은 시선을 느끼며 나는 조산아 병동으로

들어가서 온열 매트에 누운 아이를 안아 올린다. 아이가 나를 알아볼까? 내 피부에 닿은 그 작은 코가 나를 알아볼까? 문득 아이가 나의 냄새를 몰라서 나를 이곳의 다른 여자들과 구분하지 못할 수도 있다는 걱정이 밀려든다. 나는 아이를 더 품에 꼭 안는다. 아이를 외투에 숨겨 몰래 달아나고 싶은 마음이 굴뚝 같다.

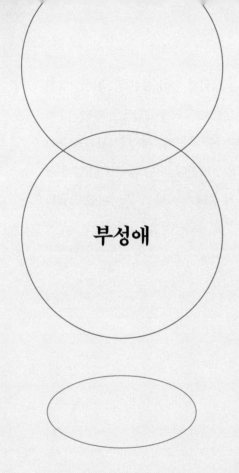

부성애

나는 사랑에 빠졌다.

♂　　　　고층건물의 자선병원. 딸아이는 조산아 병동에, 스베냐는 아이와 떨어져 12층 산모 병동에 입원해 있다. 그 큰 병원 건물에 아버지가 들어갈 자리는 없어서, 나는 사흘 동안 부모 대기실에서 지내다 집으로 떠밀려갔다. 그때부터 나는 매일 집과 병원을 오가는 신세다. 트램을 타고 북부 역까지 가서 거기서부터 남은 2킬로미터를 상당히 쇠락한 인발디엔 거리를 따라 걷는다.

병원이 가까워질수록 신경이 곤두선다. 호흡은 빨라지고 심장은 세차게 뛴다. 영롱한 감정이 열기 없는 불길처럼 명치에서 솟구치고, 차가운 불꽃이 흉곽 전체로 퍼져나간다. 뜨겁게 타오르지만 집어삼키지는 않는…. 맞다. 나는 사랑에 빠졌다. 갓 태어난 딸에게 푹 빠진 것이다. 부채처럼 넓은 양쪽 귀마저도 사랑스럽기 그지없다. 병원 현관문 앞에 설 때마다 나는 오래 기다렸던 데이트를 앞둔 남자마냥 너무너무 설레고 행복하다.

놀라운 것은 이 감정이 다른 성인과의 관계에서 느꼈던 사랑과 거의 차이가 나지 않는다는 사실이다. 감정의 강도도 스베냐를 처음 알았을 때 느꼈던 그것에 조금도 뒤처지지 않는다. 딸이 나의 손길을 좋아하지 않을 때나 키스를 하면 얼굴을 찌푸리며 고개를 돌릴 때 느끼는 고통이, 사춘기 시절 좋아하던 대상이 나의 애정에 화답하지 않을 때(그게 벌써 언제 적 이야기인가?) 느꼈던 실망보다 덜하지 않다.

스베냐가 처음으로 임신을 했을 때 지금 생각해보면 너무나 우습지만 나는 나의 감정에 대한 경제학적 사고로 인하여 두 가지 큰 걱정을 했다.

첫째, 나중에 아이를 사랑할 수 없으면 어떻게 할 것인가? 하지만 반드시 사랑해야 할 이유가 무엇이란 말인가? 따지고 보면 나의 체액에서 나온 60마이크로미터 크기의 세포가 아이의 탄생에 참여했다는 이유 하나만으로 한 아이의 존재를 사랑해야 할 강제적 이유는 없는 것이다.

둘째, 내가 아이를 사랑하지만 이 사랑이 스베냐에 대한 나의 애정을 희생시켜야 하는 것이라면 어떻게 할 것인가? 나의 사랑 총량은 정해져 있는데 새롭게 한 사람을 사랑하게 될 경우 이전의 사랑을 모두 빼앗아야 하거나 최소한 나누기라도 해야 하는 것은 아닌가?

10년이 흘러 또 하나의 생명이 더 태어난 지금 나는 안심하고 보고할 수 있다. 두 가지 걱정은 전혀 근거가 없는 것이었다고 말이다.

나는 우리 아이들을 사랑한다. 둘 다 똑같이 사랑한다. 그럼에도 스베냐를 사랑할 능력이 충분히 남아 있다. 어떨 때는 사랑이란 나누어줄 대상의 숫자에 비례하여 배로 증가하는 듯한 기분이 들 때도 있다. 이 감정은 마치 금박 같아서 얇게 펴서 여러 인물에 덧입힐 수 있지만 그런다고 해서 절대 덜 반짝이지는 않는 것이다. 일종의 폴리아모리Polyamory(비독점적 다자연애)로 볼 수도 있겠지만 당연히 성애의 측면은 한 사람에게, 즉 스베냐에게만 한정된다.

♀ 재미있다. 플로리안은 아내를 향한 사랑과 자식을 향한 사랑의 본질이 동일하다고 말한다. (이런 말을 해도 될지 모르겠지만 그 말을 들으니 다시 한번 플로리안이 나를 종종. 적어도 내 느낌에는 과도하게 '보호'한다는 사실을 확실히 깨닫는다. 내가 자전거 헬멧을 쓰는 건 오직 그를 위해서다.)

그와 반대로 나는 우리 아이들을 통해 전혀 새로운 종류의 사랑을 알았다. 나를 남김없이 요구하고 원하는 사랑이다. 실제로 나의 욕망 경제학은 아이들이 출생한 후 완전히 다르게 기록될 것이다. 그 작은 아기가 말할 수 없는 힘을 가져서 성적 대상인 남편을 추방시킬 수 있는 것이다!

아마 그래서 아빠들은 젊은 엄마들의 성욕 저하를 이해하기 힘들지 모르겠다. 아빠들은 아이의 사랑을 통해 충족되는, 때로 과도하게 충족되는 그 감정을 절대로 알지 못할 테니 말이다.(68쪽 '사랑의 보충' 참고)

그것 말고도 또 하나의 측면이 있다. 아이들과 신체적으로 매우 가까운 시기에는 성에 몰두하는 것이 거의 '불경스럽게', '더럽게' 느껴진다. 그냥 아무렇지도 않게 엄마의 기능과 성적 기능 사이를 왔다 갔다 할 수가 없다. 플로리안과 달리 아이들을 내 몸에 담고 있었기 때문일까?

나의 신체는 그의 신체와 비교할 수 없을 만큼 아이들과 강하게 묶여 있다. 그건 어쩔 수 없는 사실이다.

얼마 전 미국 영화감독 스파이크 존즈Spike Jonze의 아름다운 영화 〈그녀Her〉를 보았다. 여성 주인공 사만다는 애인의 귀에 (더구나 거역할 수 없는 스칼렛 요한슨의 목소리로) 지혜의 말을 속삭인다.

"마음은 상자같이 꽉 차는 게 아니에요. 그 안에 담는 사랑의 크기만큼 점점 더 커지지요."

여기서 알아야 할 사실은 사만다가 고도로 발달한 컴퓨터 운영 시스템이라는 사실이다. 컴퓨터지만 독자적으로 사고할 수 있을 뿐 아니라 복잡한 감정도 느낄 수 있다. 무엇보다 사랑을 할 수 있다. 사만다의 경우 무려 641명과 동시에 사랑을 나

눌 수 있다. 물론 나는 638명의 아이를 더 낳을 계획이 없다. (아마 능력도 없을 것이다.)

하지만 자식의 숫자가 보통의 숫자로 한정된다면 나는 사만다의 생각에 완벽하게 동의할 것이다. 몇 명의 아이를 더 낳는다고 해도 내 사랑은 너끈할 테니까 말이다.

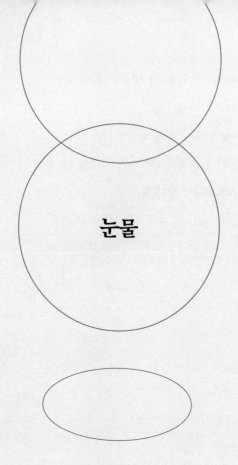

눈물

첫아이의 탄생이라는 기쁜 사건에
나는 왜 펑펑 울었을까?

♂ 　　　　예전에 쓰던 노트가 눈에 띄었다. 2008년에 쓰던 것이다. '2월 3일'이라는 날짜 밑에 이상하리만치 삐뚤삐뚤한 글씨가 적혀 있는데, 당시의 심각한 정신적 충격이나 육체적 충격을 짐작하게 한다.

예수가 운다

인디언은 울지 않는다

소년은 울지 않는다

비 속의 울음

피의 눈물

천 길 눈물처럼 깊숙이

동물은 울 수 있을까?

"눈물이 솟구치네"

울지 못하는 남자

울어버려!

광대와 함께 눈물이 왔다

이런 문장들을 무슨 심정으로 적었는지 지금으로서는 짐작만 할 뿐이다. 그사이 10년이 넘는 긴 시간이 흘렀으니 말이다. 그래도 확실한 것은 누가 봐도 이 문장을 적을 당시 내가 눈물이라는 주제에 관심이 많았다는 사실이다.

이해할 수 없는 것도 아니다. 3일 전 딸이 태어났고 내 기억이 올바르다면 아이가 태어나자 나는 목 놓아 울었다. 분만실에서 담당 의사에게 우리 딸의 이름을 알려줄 때도 훌쩍이느라 말이 나오지 않았다. 몇 주가 지나고도 출산 이야기를 할 때마다 (때로는 아무 이유 없이) 눈물을 질질 짰다. 내가 잘못 본 게 아니라면 방금 전에 언급한 노트의 그 페이지는 살짝 우글우글했다. 글을 쓰면서도 눈물을 참지 못해 울었기 때문이다. 너무나 인디언답지 못하고 사내답지 못하며 우스꽝스럽다. 아무리 나같이 포스트모던하고 포스트페미니스즘적이며 포스트메트로섹슈얼한 남자라고 해도 지나치다. 그런데 나는 왜 울었을까? 첫아이의 탄생이라는 그렇게 기쁜 사건에 왜 슬픔의 신체증상으로 반응했을까?

노트를 더 뒤적이다 보니 당시 내가 눈물이라는 주제를 집중 연구하고 있었던 것 같다. 인용한 구절들 중에는 철학적 내용들이 엄청나게 많았다. 데카르트에서부터 시작된다. 이 합리주의자는 '기쁨의 눈물'이라는 얼핏 보기에는 모순적인 현상을 이렇게 설명한다.

"(감동이나 기쁨과 같은 강한) 영혼의 열정들은 서로 결합되면 많은 피를 심장으로 보내고 거기서 많은 증기를 눈으로 보낸다. 그러나 이 증기의 격동은 그 기질이 차가운 탓에 가라앉아서 슬픈 일이 없어도 쉽사리 눈물로 변한다."

아하! 철학자의 말을 제대로 이해했다면 인간은 일종의 증기기관인 셈이다. 심장은 과열된 터빈이고 눈물관은 감정으로 인해 들끓는 신체를 폭발로부터 지켜내는 두 개의 고압 밸브다. 나쁜 이론은 아니지만 사랑이 넘치는 아빠에게는, 특히 잘 울기로 유명한 나 같은 사람에게는 너무 산문적인 이론이다.

다행히 데카르트 이후로도 이 주제에 대한 논의는 그치지 않았다. 18세기에 접어들어 감상주의 시대가 시작되자 인간의 영혼을 기계적으로 바라보는 데카르트의 해석은 비난의 공세를 받았다. 이를테면 작가 로렌스 스턴Laurence Stern(122쪽 '기원' 참고)의 소설 《감상 여행A Sentimental Journey》에서는 주인공 요리크가 '감상 여행'을 떠났고, 그가 한 일이라고는 여행 내내 눈물을 흘려 자신의 착한 마음씨와 인간성을 확인한 것뿐이었다. 작가는 격한 감정의 동요를 당시 유행하던 도덕관념moral sense에 따라 인간이 우주의 도덕적 질서와 조화를 이루는 증거로 보았다. 눈물을 흘리는 사람은 그 눈물을 통해 인간의 가슴 밑바닥이 이타적이고 선하다는 사실을 입증한다는 것이다. 그렇게 본다면 나의 과도한 눈물은 아버지가 됨으로써 마침내 "창조의 저 먼 황야에서 내 머리카락 한 올이 땅에 떨어지기만 해도 진동하는 세계의 거대한 감각중추"로 들어섰다는 증거다. 타당한 이유를 근거로 규칙적으로 울 줄 아는 것이 가장 중요한 '선한 사람들의 클럽'으로 들어섰다는 말이다. 듣기 좋은 해석이지만 문제가 없지는 않다. 문예학자 알브레히트 코쇼르케 Albrecht Koschorke의 해석에 따르면 감상주의 시대에 흘렸던 과도한 눈물은 성적 욕망을 감상의 영역으로 옮긴 것에 불과하기 때문이다. 그의 말을 들어보자.

"도덕심이 과중하면 눈물을 흘린다. 눈물은 금기시되는 배출에 대한 부정적 반응이다."

달리 표현하면, 우는 사람은 원래 다른 체액을 배설하고 싶은 것이다. 울음이란 금지되었거나 다른 곳에서는 저지되는 사정射精을 눈물로 대신하는 것이다.

솔직히 거침없이 눈에서 분비물을 뿜어내고 나면 기분이 좋아질 수도 있다.(프리드리히 실러는 울음을 '눈물관의 관능적 경감'이라고 했다.) 하지만 딸이 태어났다고 해서 내가 억압된 성적 충동을 (대신이든 승화든) 만끽하였다는 생각은 도무지 말이 안 된다. 나는 나 자신을 잘 알고, 나의 무의식도 잘 안다. 그런데도 어쩌자고 그 당시 그렇게 울었단 말인가?

내 마음의 부담을 줄여주고 나아가 내게 깨달음을 선사한 것은 결국 지극히 세속적인 인터넷 검색이었다. 미국 예일대학이 2015년에 실시한 심리연구 결과를 보면 기쁨의 눈물은 '이형표현dimorphous expressions'이라고 한다. 즉, 원래는 대치되는 두 가지 감정 상태, 기쁨과 슬픔을 하나로 결합시킨 표현 형태라는 것이다. 그러나 이 '이형표현'은 모든 눈물의 10%에 불과하고, 나머지 90%는 실제로 근심이나 고통, 슬픔 같은 이유가 존재한다. 그런데 이런 형태의 눈물은 남성이 (남자는 울지 않는다는 슬로건이 무색하게) 여성보다 두 배 더 많이 흘린다고 한다. 기쁨의 눈물을 흘리는 이유는 감정기관이 긍정적 감정에 압도당하여 이 과도한 부담을 모순적인 반응을 통해 조정하려 노력하기 때문이다. 흔들린 마음이 빨리 제자리로 돌아가도록 도와주려는 것이다. 그렇다면 감정이 끓어 넘치지 않도록 막아주는 고압 밸브랑 아주 비슷한데….

잠깐! 신체를 증기기관으로 보는 데카르트의 구닥다리 모델하고 다를 것이 없는 것 같다. 그렇다면 내가 지금 그 태초의 눈물 이론에 동의를 했단 말인가? 스턴이니, 코쇼르케니 열심히 찾아봤던 게 다 헛수고란 말인가? 딸의 탄생을 지켜보며 내가 흘린 기쁨의 눈물은 결국 인간이라는 정서적으로 분류가 가능하고 생화학적으로 조종이 가능한 자동기계의 장치에 불과하다는 말인가? 가끔 고장이 나면 다시 손을 봐야 하는 그런 기계? 합리성을 아무리 사랑한다고 해도 그렇다면 정말로 엉엉 울 일이다.

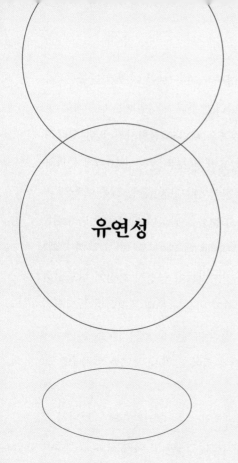

유연성

우리는 최고도로 유연한 인간이 되었지만,
이 아이는 도로 물릴 수 없다.

♂　　　　친구 J는 결혼을 두 번 했다. 친구 K는 지난 10년 동안 아버지와 말을 섞지 않았다. 친구 G는 원래 자동차 기술자였는데 지금은 영문과 교수다. 친구 E는 예전에는 여자였다.

후기 현대를 사는 우리는 삶의 거의 모든 것이 또 한 번 바뀔 수 있다는 사실에 익숙하다. 꼭 그래야 한다면 여러 번 바뀔 수도 있다. 파트너, 성명(88쪽 '여성의 전권' 참고), 직업, 가족 상황, 성적 지향성, 성별, 가슴이나 페니스의 크기, 코나 광대뼈의 형태, 머리카락 색깔, 심장 판막, 엉덩이 관절… 사회학자 리처드 세넷Richard Sennett의 유명한 말을 인용하자면, 우리는 최고도로 '유연한 인간'이 되었다.

한편으로는 환영할 만한 일이다. 우리 할아버지, 할머니가 그랬듯 이미 식어버린 결혼을 평생 유지하고 싶은 사람은 없을 것이다. 불만스럽거나 능력에 미치지 못하는 일자리, 남의 몸 같은 몸을 평생 감수하고 싶은 사람은 없을 것이다.

하지만 유연성의 증가는 세넷의 설명처럼 몇 가지 문제를 동반한다.(세넷의 주요 연구 주제는 '미국식 후기 자본주의 노동 세계'다.) 모든 것이 바뀔 수 있다면 한때는 소중했던 가치관도 그럴 것이다. 직업이나 인간관계의 지속성을 중시하는 성실함이나 의무감 같은 과거의 덕목은 의미를 잃는다. 같은 맥락에서 '시간'도 연속체가 아니라 단편적 순간의 모음으로 인지되기 때문에 개인이 자신의 삶을 '일직선상의 스토리'로 파악하기가 힘들어진다.

앞으로 개인은 '자아'를 냉소나 농담의 대상으로밖에는 생각하지 않을 것이다. 해고의 위험이나 그 밖의 변화에 상시 노출되어 강제로 유연해진 인간은 결국 불안을 기본 감정으로 가질 수밖에 없다. 마르틴 하이데거라면 '불안 그 자체'라고 표현했을 것이다. 프리랜서로 일하면서 장르와 업무 분야와 고용주가 수시로 바뀌는 인간이기에 나 역시 그런 불안을 전혀 모른다고 말할 수는 없다.

지금으로부터 10년 전, 이런 감정 상태의 한가운데로 우리 첫아이가 들어왔다. 출산이 몰고 온 엔도르핀의 열기가 식고 기쁨의 눈물이 마르자 가장 먼저 든 생각 중 하나는 이것이었다. 이제는 물릴 수가 없다! 이 아이는 바뀔 수도 없고 도로 물릴 수도 없다. 한스 블루멘베르크Hans Blumenberg는 말했다.

"태어나는 것은 이 세상에서 가장 궁극적인 사건이다. 복귀가 없다."

세상에 태어난 아이만 그런 것이 아니다. 아빠의 자리도 물릴 수 없다.

나는 생각했다. 앞으로 내 인생에서 모든 것이 달라질 수 있다. (그러지 않기를 바라지만) 제일 친한 친구들과 척을 질지도 모른다. 아내와의 관계가 망가질지도 모른다.(아니야. 말도 안 돼!) 번듯한 직장을 구할지도 모른다.(확률은 낮지만 어쨌든 불가능한 일은 아니다.) 그 모든 것이 유연하고 변화 가능하다. 하지만 한 가지만은 변할 수 없다. 이 깨물어주고 싶은 작은 존재는 영원히 나의 자식이다. 몸이 커져서 깨물어주고 싶지 않다고 해도, 어느 날 내게서 등을 돌리고 연을 끊어버린다고 해도 이 아이는 내 인생에서 영원히 지울 수 없는 존재일 것이다.

처음에는 충격이었다. 그 정도의 의무감을 평생 느껴본 적이 없었다. 하지만 동시에 말할 수 없는 위안이기도 했다. 그 무엇이 이보다 더한 충성심과 의무감을 요구한단 말인가? 그 무엇이 이보다 더한 시간적 연속성과 일직선적인 삶을 요구한단 말인가? 그 무엇이 이보다 더 진지하고 심각할 수 있을까? 그렇다. 자식보다 더 나를 유연하지 않게, 고집스럽게, 한결같이 만드는 것이 과연 무엇이란 말인가?

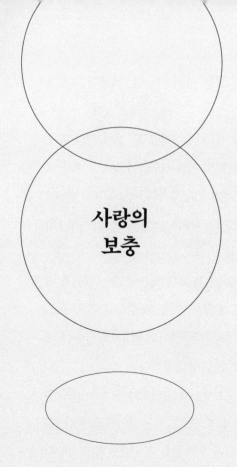

사랑의
보충

아이는 사랑을 보충하지만
대체하기도 한다.

♀   2007년 오스트리아 펠트키르히 시. 당시 나는 우리 딸을 임신 중이었는데 유명한 오스트리아 작가도 참석하는 한 행사에 초대를 받았다. 그 작가가 내게 이런 말을 했다.(와인을 좀 마신 후였다.)

"금방 섹스가 시들해져도 놀라지 말아요. 아마 욕구가 없어질 거예요. 남편은 안 그럴 테지만 당신은 그럴 거예요."

♂ 그렇군. 그 똑똑하신 양반이 누구신가?

내가 크게 웃었던 기억이 지금도 생생하다. 하하하! 욕구가 없는 나라니! 그런 문제라면 내가 더 잘 안다. 아이가 사랑을 더 풍성하게 하고 또 눈에 보이는 사랑의 증거이긴 하지만 절대 사랑을 대체하지는 않는다! 나는 당시 냉철하게 혼잣말을 하며 분노했다. 하고 싶은 남자와 욕구 없는 여자라니, 작가라고 해도 이런 전형적인 고정관념, 고리타분한 토포스topos는 피할 수가 없나 보군.

지금도 나는 재미있다는 그의 표정이 떠오른다. 다 안다는 그 참기 힘든 눈빛이! 그러나 9년이 지난 지금 인정하지 않을 수 없다. 그 남자의 말이 옳았다. 적어도 아이가 태어난 직후에는 그의 말대로 되었다. 섹스의 관점에서 남녀의 불균형이 존재하기 때문이다. 이 불균형은(사랑하는 포스트페미니스트들이여, 진정하라!) 아이가 태어난 후 몇 달에서 몇 년까지는 생물학적인 이유에서 엄마가 아빠보다 아이와 훨씬 더 밀접하기 때문에 생겨난다.(212쪽 '자연적인 현상' 참고)

그리고 남녀의 사랑과 달리 자식 사랑은 너무나도 다정하고 무구하다. 자식을 향한 사랑은 확신과 충만을 선사한다. 바로 그것이 문제의 핵심이다. 아이는 사랑을 보충하면서 안타깝지만 대체하기도 한다. 자식은 사랑의 결실이기에 사랑을 더 보탠다고 믿는 사람은 바보다. 자식은 도둑이기도 하다. '알파 수컷'이요, '라이벌'이다.

이 양날의 검은 프랑스 철학자 자크 데리다Jacques Derrida가 《그라마톨로지Grammatologie》에서 사용했던 '보충'의 개념을 이용해 가장 잘 설명할 수 있다. 보충의 개념이 두 가지 차원을 갖기 때문이다. 첫째, "보충은 잉여이며 또 다른 충만함을 풍부하게 하는 것"이다. 여기서 데리다가 전달하고자 한 의미는 기저귀 광고를 보면 쉽게 이해할 수 있다. 부모는 반짝이는 눈으로 사랑의 결실을 바라본다. 통통한 다리를 버둥거리는 이 작고 귀여운 천사, 사과 케이크에 얹은 생크림처럼 앙증맞은 모습으로 관계를 더 풍성하게 만드는 천사. 아이는 존재하지 않던 것을 추가한다. 거기까지는 보충의 긍정적 측면이다.

하지만 데리다는 여기서 끝내지 않는다. 조심하라! 이제부터는 나쁜 소식이다.

"보충은 대체하기 위해서 합류한다. 보충은 첨가하거나 슬쩍 다른 것의 자리를 대신한다. 보충이 자리를 채울 때는 마치 빈자리를 채우는 것과 같다."

생크림이 케이크보다 더 맛있다면 어찌 되는가? 한 번 맛을 본 엄마가 둘째에 이어 셋째, 넷째까지 낳으려 하고(나 자신도 원칙적으로 예외가 아니다.) 그러는 사이 남편들이 별 볼일 없는 찬밥 신세로 전락한다면?(244쪽 '이제 그만' 참고)

이런 추세를 거스르려면 고도의 기술이 필요하다. 그러나 현재 우리 문화의 특정 집단에서는 페미니즘을 오해하는 바람에 이 기술이 완전히 무너진 듯하다.(88쪽 '여성의 전권' 참고) 그러나 지금껏 이루어낸 해방의 성과를 바탕으로 이 기술을 멋지게 펼칠 기회는 아직 우리에게 남아 있다. 오스트리아에서도, 다른 곳에서도.

주체성

부모는 이제 더 이상 개인이 아니다.

♂   원래는 전혀 문제될 것이 없는 시작이었다. 그저 단수에서 복수로 바뀌었을 뿐이니까.

"우리 임신했어."

물론 이 말은 당연히 난센스다. 스베냐는 임신을 했지만 나는 아니었고, 절대 그럴 수도 없다. 그럼에도 지인들 사이에서는 이런 표현이 너무나 자연스러워서 그 누구도 잘난 척하며 내 표현의 생물학적 모순을 지적하지 않는다. 따지고 보면 내가 이 진부한 언어 제스처를 쓰는 것도 남편으로서 나날이 불러가는 배를 안고 입덧과 등 통증과 불면으로 고생하는 아내와의 무한한 연대감을 전하려는 것이니까 말이다.(144쪽 '그로테스크한 몸' 참고)

아이가 태어나면 거기서 한 걸음 더 나아가 아예 문법적으로 1인칭 자체가 사라져버린다. 단수 형태는 물론이고 복수 형태로도 1인칭은 완벽하게 실종된다.

"그래그래, 아빠야. 아빠가 지금 뭘 하는지 보렴. 아빠는 이제부터 네 기저귀를 갈고 네 배꼽을 소독하고 네 귀여운 발 냄새를 맡을 거야. 아빠는 널 너무너무 사랑해!"

이것 역시 난센스다. 나는 아빠고, 내 딸을 사랑하지만, 아이와 단둘이 있게 되면 예전에 율리우스 카이사르가 그랬듯 (그리고 내가 아는 모든 젊은 부모들이 그렇듯) 갑자기 나 자신을 3인칭으로 칭한다. 그 결과 완벽한 관점 전환이 일어난다. 이를테면 출생 신고서를 작성할 때나 아날로그 방식대로 앨범을 사서 아이의 사진을 붙이고 그 밑에 설명을 적을 때 그렇다. 적기 전에 나는 신생아의 감정 및 사고 세계로 들어가서 아이가 아직 표현하지 못하는 말을 대신해서 쏟아낸다.

"어머나 여기 내가 있네! 키는 48센티미터, 몸무게는 2.250킬로그램이에요. 3월 13일에 태어났답니다. 모두들 저를 보러 오세요."

"세상에, 이것 좀 봐요. 새로 산 우주복이 엄청 마음에 드나봐요."

"엄마, 아빠가 피곤해서 쓰러지기 일보 직전이네요. 나는 밤새 잠 한숨 안 자도 기운이 생생한데 말이죠."

이로써 다 이루었다. 자신을 '초월'한 것이다. 부모는 현대 주체의 가장 비싼 자산인 자의식을 포기했다. 논 코기토 에르고 논 줌Non cogito, ergo non sum.(생각하지 않는다. 고로 나는 존재하지 않는다.) 부모는 이제 더 이상 개인이 아니다. 나름의 욕구와 소망과 감정이 있는 자율적 인격체가 아니라 자식의 장신

구다.(112쪽 '계통' 참고) 그 결과 이름마저 잃어버린 채 소아과에서도, 아기 수영장에서도, 페킵PEKiP(아동 놀이교육 프로그램의 일종―옮긴이) 그룹에서도 아기 이름으로만 불린다.

"카산드라의 어머니 되세요?"

"사무엘 아버지, 이야기 그만하시고 아들 발에 오리발 끼워주세요."

우리 할머니, 할아버지가 그런 말을 들었다면 귀를 의심했을 것이고 기가 막혀 무덤에서 벌떡 일어나실 것이다. '아버지', '어머니' 소리는 자식들한테나 들을 말이지 않은가. 그러나 현대의 부모들은 점점 영혼 없는 좀비와 골렘(점토로 만들어 생명을 불어넣은 인형―옮긴이)을 닮아간다. 그들은 다른 인간에게 무조건적으로 복종한다. 제일 기막힌 사실은 영화 〈골렘: 어떻게 그가 세상에 왔는가Der Golem: wie er in die Welt kam〉에 나오는 랍비 뢰프처럼 자신의 주인을 자기가 직접 창조했다는 것이다.

누군가 "요즘 어떻게 지내세요?"라고 물으면 그들은 자동적으로 "네, 애들은 잘 지내요."라고 대답한다. 또 주말을 어떻게 보냈는지 물으면 아기의 소화 장애에 대해 이야기한다. 아버지가 되고 난 후 그들의 주체성이 어떻게 변했고 얼마나 복잡해졌는지 쓰려고 할 때도 그들은 자신을 3인칭으로 칭한다. 내가 '그들'이라고 쓸 때는 당연히 항상 나를 포함한다.

투명 인간

아이가 태어나면서 아빠는 보이지 않는
투명 인간이 된다.

♂　　　남자로서 겪은 경험담을 이야기하자면, 아이가 태어나면서 사라진 것은 주체성만이 아니다. 남자의 몸과 섹슈얼리티, 성 정체성도 실종된다. 그 사실을 가장 뼈저리게 실감할 수 있는 곳이 바로 아기 수영장과 앞서 말한 페킵 그룹이다. 아이가 세상을 몸으로, 마음으로 접할 수 있게 가르쳐주려는 그런 장소들이다.

　페킵은 Das Prager-Eltern-Kind-Programm의 약자로, 체코 심리학자 야로슬라프 코흐Jaroslav Koch가 1970년대에 개발한 신생아 조기교육의 한 형태다. 부모가 아이와 같이 앉고 눕고 바닥을 기면서 선생님한테 여러 가지 감각, 놀이, 운동 방법을 배운다. 보통 아기를 홀딱 벗기기 때문에 실내는 엄청나게 온도가 높고, 바닥에도 랩을 깔아 미끄럽다. 아마 싸구려 시간제 호텔과 포르노 촬영 장소도 이곳과 비슷하게 온도가 높고 잘 닦이는 바닥재로 인테리어를 하지 않을까 싶다.

　♀ 흥미로운 연상이다. 내가 보기엔 성적인 면이 완전히 배제된

것 같지가 않다. 플로리안이 무의식의 깊은 곳에서 잠시 아이들이 몽땅 사라진다면 어떨지 상상한 것일까? 어쨌든 페킵 포르노라는 새로운 아이디어가 될 수도 있겠다.

부모들은 옷을 입고 있지만 시간이 가면 옷 벗기 포커 게임을 하는 사람들처럼 한 꺼풀 한 꺼풀 옷을 벗는다. 실내가 참을 수 없을 만큼 덥고 숨이 막히기 때문이다. 더구나 아이들에게 중간중간 젖을 먹여야 해서 셔츠를 올리고 브래지어를 풀고 빵빵한 가슴을 내놓는다.(물론 나만 예외다. 나는 창피하게도 아기 죽과 데운 우유병으로 임시변통을 한다.) 그럼에도 분위기는 결코 에로틱하지 않아서 매우 반갑고 쾌적하지만, 한편으로는 나도 모르게 자꾸만 관찰을 하게 된다. 에로틱한 분위기가 일체 배제된 채 반라의 여성들 틈에 남자 혼자 앉아 있는 장소가 여기 말고는 거의 없으니까.

더 찾아보라면 기껏해야 아기 수영장 정도일 것이다. 엄청 좁은 공간에서 10여 명의 멋진 젊은 엄마들과 함께 따뜻한 물에 몸을 담그고서 둥둥 떠 있을 수 있다. 다른 상황이었다면 '남성적 시선male gaze'의 위험이 있을 테지만, 당연히 나는 물에서 버둥대는 우리 딸을 쳐다보느라 정신이 없고, 내가 상황을 제대로 해석했다면 그곳에 온 엄마들 역시 나를 거의 인식하지 못할 것이다. 그녀들이 산후 체조, 임신선, 수유 문제에 대해 이야기를 나누는 동안 나는 투명 인간이 되어 옆에 서 있다. 랠프 엘리슨Ralph Ellison의 소설 제목처럼 나는 '보이지 않는 인간Invisible Man'이다.

이유를 찾는다면 아마 내가 페킵에서도, 아기 수영장에서도 유일한 남자일 때가 많아서일 것이다.(수영장에는 그나마 상냥한 체코 남자가 가끔씩 온다. 다른 아빠들이 수영장에 올 때도 있지만 대부분 가장자리에 서서 철퍽거리는 아기 사진만 찍다가 돌아간다.) 달리 말해 백인 이성애자 남성인 나도 마침내 소수라는 것이 과연 어떤 것인지를 경험하게 된 것이다. 물론 차별을 받지는 않지만 대체적으로 무시를 당한다.

♀ 여기서 결정적인 차이점을 언급할 필요가 있겠다. 남성의 영역에 들어간 여성은 성적 존재로 인지되지만 여성의 영역으로 들어간 남성은 그렇지 않다. 남녀가 뒤바뀐 상태의 아기 수영 시간을 상상해보라. 수영복을 입은 15명의 남자들 틈에 반라의 여성이 한 명 끼어 있다. 당연히 여성의 존재는 오직 성적 대상일 것이다. 하지만 여성들은 자기들 틈에 끼인 남자를 욕망의 대상으로 삼거나 눈으로 훑지 않는다. 그냥 무시해버린다. 내 남편을 금방 잡은 싱싱한 고기라고 자랑하려는 것은 아니지만 '안타깝다'는 말을 안 할 수가 없는 상황이다.

신체적 특징이 부족하다는 이유만으로 나는 헤게모니를 쥔 다수의 토론에 낄 수 없는 이물질이다. 이는 조만간 우리 백인 이성애자 남성들이 수많은 다른 상황에서도 겪게 될 변화를 미리 보여준다. 평소와 달리 세상을 조금 더 현실적으로 바라본다면 우리는 단종 모델이기 때문이다.

이성애자인 밝은 피부색의 호모 사피엔스 수컷들은 지난 수천 년 동안 우리 지구에서 지배적인 생활방식을 선보였다. 하지만 그사이 그 지배적 위상이 많이 흔들렸다. 2차 세계대전이 끝나면서 시작된 탈식민화와 더불어 백인의 영향력이 크게 감소했다. 동성애자 인권 운동, 이성애자의 독신 요구, 여성 해방과 더불어 남성의 지배권이 많이 줄어들었다. 또 재생산 의학의 발전과 더불어 우리의 아버지 역할은 빈약한 기부자 기능으로 축소되었다. 나 같은 백인 남성들은 이제 수많은 집단들 중 하나에 불과하다. 몇 년 안 있어 노동 시장도 지금의 페킵 프로그램과 같은 모양새가 될 가능성이 높다.

우리 백인 남성들이 다른 소수들과 다른 점은, 적어도 이 시점에서는 그 사실에 불평해서는 안 된다는 것이다.

"(그들의) 차별의 역사와 그들이 지금도 누리고 있는 보호와 우월의 지위를 감안한다면 자신을 피해자로 해석하려는 백인 남성들의 모든 시도는 아무리 좋게 보아도 엄살일 것이며, 최악의 경우 반동이고 인종주의로 비칠 것이다."

철학자 루카 디 블라시Luca Di Blasi의 《백인 남성》에 나오는 구절이다. 이 말은 우리 백인 남성들이 한편으로는 우리의 보편주의 요구를 포기하고 더 이상 세상의 중심인 것처럼 행동할 수 없으며, 다른 한편으로는 여러 집단 중 한 집단으로 전락한 우리를 소수라 떠들어서는 안 된다는 뜻이다. 우리는 스스로를 소수로 정의해서는 안 되는 유일한 소수인 것이다.

그러니 이제 어떻게 할 것인가? 단기적으로는 눈을 질끈 감고 돌진해야 한다. 내가 아기 수영장에서 개발한 기술은 양팔을 쭉 뻗어 딸을 물 위에 올려놓은 뒤 최대한 오래 물 밑에 잠수하는 것이다. 이물질인 나를 적어도 몇 초 동안만이라도 사라지게 만들려는 목적이다. 장기적으로는 페킵 강좌를 찾는 남성의 비율이 여성 간부 비율만큼 높아질 수 있는지 살펴야 할 것이다. 양쪽 분야에서 성비가 같아질 때에만 우리가 진실로 눈을 크게 뜨고 서로를 마주 볼 수 있을 테니까 말이다.

묵시록에
맞서다

아이의 탄생으로 인하여
우리의 세상은 끝나지 않는다.

♂   딸이 태어난 후 어머니가 편지를 보내셨다. 자주 있는 일은 아닌데, 우리가 자주 만나지 않아서가 아니라 이제는 우리 부모님 세대에서도 전자 미디어가 종이 통신을 쫓아내 버렸기 때문이다.

어쨌든 나는 종이에 잉크로 쓴 글자가 무척 반가웠다. 특히 한 문장이 감동적이었다. 어머니는 할머니가 된 것이 참 좋은데, 그 이유가 손녀의 탄생이 "어떻게든 계속된다."는 증거이기 때문이라고 하셨다.

내가 아는 어머니는 그런 말을 계통학적 의미로 사용하실 분이 아니다. 그러니까 우리 가족의 가계가 계속 이어져서 유구한 역사를 자랑하는 베르너 가문이 사라지지 않아 좋다는 뜻이 아닌 것이다. 어머니는 그 말을 훨씬 더 보편적인 의미로 사용하셨을 것이다.('어떻게든'이라는 표현을 사용했다는 것도 그 증거다.)

그러니까 손녀의 탄생을 인류의 역사가 끝나지 않았고 다음 세대(바라건대 그다음, 그다음 세대)에서도 유지될 것이라는 증거로 본 것이다. 아르투어 쇼펜하우어의 표현을 빌자면, 어머니는 인류의 순수한 번식과 성취, '삶에의 의지'가 승리한 것에 기뻐한 것이다.

약간 신학적으로 접근하자면 이렇게도 표현할 수 있다. 시작이 끝을, 알파가 오메가를, 창조가 세상의 멸망을 이겼노라고 말할 수 있다.

한나 아렌트는 출산이라는 사건, 다시 말해 애당초 상상도 할 수 없는 이런 '무無로부터의 창조creatio ex nihilo'는 신의 창조 세계를 인간이 모방한 것이라고 해석했다.

"출산이라는 사건과 더불어 주어진 이런 유일성 때문에 모든 인간에게서는 신의 창조 행위가 다시 한번 되풀이되고 확인되는 것 같다."

《인간의 조건vita activa》에서 아렌트는 이렇게 말했다. 또 《이해와 정치Verstehen und Politik》에서는 성 아우구스티누스의 말을 인용하며 이렇게 덧붙였다.

"인간의 창조가 우주의 창조와 일치한다면 (······) 새로운 시작인 개별적인 인간의 탄생 또한 인간 기원의 성격을 입증하는 것이다. 그렇기 때문에 그 기원은 결코 과거의 사건이 될 수 없다. 하지만 결코 끝날 수 없는 역사를 보증하는 것은 다름 아니라 이런 시작의 연속성이 이어지는 세대에 있다는 사실이다. 그 역사는 인간의 역사이며, 그 역사의 본질은 시작이기 때문이다."

달리 말하면 인류의 역사는 수많은 작은 세계를 창조하는 역사다. 창세기는 매일매일, 매초마다 새롭게 쓰인다. 한 아이가 탄생하기 때문이다. 그렇기 때문에 우리는 결코 생명의 책의 마지막 장까지 나아가지 않을 것이고 (다 알다시피 그 마지막 장의 이름은 '묵시록'이다.) 항상 창조적 시작에 머무를 것이다. 아이가 태어나면서, 그 무엇보다 아이가 태어나기 때문에 우리의 세상은 끝날 수 없다. 인류는 번식 능력 덕분에 묵시록에 계속 저항한다.

너무나 듣기가 좋고 위안이 되기도 해서 오래전에 잃어버렸던 믿음을 되찾아 〈할렐루야〉 합창을 같이 부를 수도 있을 것 같다. 만약 아렌트의 주장이 인구 증가의 정치·경제·사회적 결과에 대한 모든 예언과 그렇게 극단적으로 상충되지 않는다면 말이다.

현재 지구에는 약 70억 명이 살고 있고, 21세기 중반이 되면 지구 인구는 90억 명이 넘을 수도 있다. 인구학자들에 따르면 지구의 적정 인구는 15억 명이다. 한 아이가 태어날 때마다 우리 인류가 지구에 남기는 생태 족적은 늘어나고, 사회적 갈등, 기아, 전쟁, 전염병의 위험도 따라서 커진다.

이런 암울한 예언을 믿는다면 부모가 되는 것만큼 세계의 몰락을 가속화시키는 방법도 없을 것이다. 아이의 탄생 자체가 한나 아렌트의 말대로 "세상을 구원하는 보증"이 아니라 질병과 파괴의 보증이며, 시작이 아니라 종말을 알리는 표식일 테니까 말이다.

그러니 이제 어쩔 것인가? 지구를 생각하면 자식을 포기하는 것이 가장 의미 있는 해결 방안이겠지만, 이것은 (부모가 되는 것이 행복이요, 자아실현이라고 생각할 의향이 있다면) 개인의 행복과 삶의 실현을 가차 없이 포기하는 일이기도 하다. 이것이 우리의 딜레마다.

이 딜레마는 또 한 가지 역설을 동반한다. 새 지구인이 탄생할 때마다 전체적으로는 지구 재앙의 속도가 빨라질지 모르지만 개인의 출산은 세계 몰락을 최대한 연기시키겠다는 강력한 동기가 되기도 한다. 자식이나 손자가 없는데 누구를 위해 환경을 지키겠는가?

출산을 통한 새로운 시작을 완전히 포기한 세상, 그러니까 스스로를 이 지구의 마지막 인류로 생각하는, 페터 슬로터다이크의 표현대로 "자기 자신을 진화의 최종 상태로 즐기는" 세대란 상상만 해도 참을 수가 없다.

그러니 세상만사가 그렇듯 길은 중도中道에 있을지 모르겠다. 지구의 요구와 개인의 욕구를 항상 고민하는 것이고, 시작의 숫자를 줄이는 것이다.(인구학적으로 볼 때 1가구당 평균 2.3명의 자녀 정도면 아직 괜찮다고 한다.) 그리고 다음 시대에게 자원을 보호하는 지속적 라이프스타일을 가르쳐 세계의 종말을 최대한 연기하는 것이다.

그것 말고는 그저 희망하는 수밖에 다른 방법이 없다. 앞으로도 계속되기를, 어떻게든 계속되기를 희망하는 수밖에.

여성의
전권

아이와 엄마의 혈연관계는
의심의 여지가 없다.

♀   "당연히 아이는 내 성을 따라야지!" 첫아이가 태어났을 때 나는 추호도 의심하거나 고민하지 않고 이렇게 굳게 믿었다. 수많은 현대의 부부들처럼 플로리안과 나는 결혼을 하고서도 각자의 성을 그대로 쓴다. 그리고 스스로를 진보적이라 생각하는 수많은 사람들처럼 우리도 당시에는 아이가 엄마의 성을 따르는 게 당연하다고 생각했다.

남자들은 그동안 충분히 성을 물려주며 살았다. 그러니 이제는 여자들 차례. 더구나 아이를 몸에 담고 열 달을 살다가 산통을 겪으며 낳는 당사자는 여자들이다. 그래 놓고 뒤늦게 아빠의 성을 물려주어 아이를 상징적으로 약탈하는 것은 자연을 거스르는 짓이 아닌가?

엄마의 성을 따르는 법은 대단히 환영할 일이다. 그래서 아이를 낳고 나흘 후, 아직 나와 아이가 병원에 입원해 있을 때 우리는 민법 1617조에 따라 나의 성, 즉 엄마의 성을 딸의 출생 신고서에 기입하였다.

하지만 바위처럼 굳은 확신이란 것도 나중에 보면 오류가 있거나 틀릴 때가 있는 법이다. 처음으로 의혹이 든 때는 우리 딸이 채 돌을 넘기지 않았을 무렵이었다. 내 성을 물려줌으로 인해서 내가 너무나 많은 것을 독차지했다는 혼란스러운 기분이 들었다.

지금은 그 이유를 알고 있다. 내가 페미니즘을 '전권全權'과 헷갈렸기 때문이다. 아이를 직접 낳는다는 생물학적 사실이 아이에게 자신의 성을 물려줄 도덕적 권리로 이어져야 할 이유가 무엇이란 말인가? 반대가 더 맞다. 그것이 옳은 세 가지 결정적인 논거가 있다.

첫째, 여성만 임신을 할 수 있고 아이를 낳을 수 있다는 사실은 아버지의 성을 물려주는 것에 반대할 논거가 아니라 찬성할 논거다.

여성은 가족 내에서 두드러지는 위치를 점한다. 아이와 엄마의 혈연관계는 (아버지와 달리) 의심의 여지가 없다. 오랜 법원칙이 주장하듯 '엄마는 항상 확실하다Mater semper certa est.' 그래서 엄마의 유전자를 확인하는 검사는 없지만 아빠를 확인하는 검사는 있다. 결혼하지 않은 부부의 경우 아버지는 자식을 형식적으로 인정해야 하지만 엄마는 그럴 필요가 없다.

여성이 성마저 물려주어 아이와 상징적으로 결합될 경우 여성의 권력은 넓어지고 확장되어 남성을 가장자리로 밀어내 버린다. 안 그래도 확고한 모자 공생이 성으로 인하여 더욱 군

건해지는 것이다.

두 사람은 이제 완전히 하나가 된다. 두 사람이 핵심이요, 정수요, 본질이다. 아버지는 별 볼일이 없고 (근본적으로 교체가 가능한) 지엽적인 존재다.(68쪽 '사랑의 보충' 참고) 이런 까닭에 더더욱 아버지의 성이 필요하다는 것이다.

둘째, 엄마의 성을 물려주어야 하는 근거로 '자연'을 끌어들이는 짓은 페미니즘의 관점에서 볼 때 특히 수긍할 수가 없다. '자연'은 예로부터 전통주의자들의 핑곗거리였을 뿐이고 성 역할의 고착화 및 생물화에 기여해왔다. 그들은 이렇게 말했다. "여성은 아이를 낳기 위해 존재하고, 여성이 있어야 할 자리는 부엌이다."라고. 또 한 가지, 자연을 끌어들이는 사람들은 성공적인 남녀 관계, 만족스럽고 행복한 가정생활에서 '자연적'인 것은 하나도 없다는 소박한 사실 역시, 아니 바로 그 사실을 보지 못한다.

그렇기 때문에 생물학적으로 맺어진 어머니와 자식의 공생 관계에 동력을 부여하고 그 관계의 문을 활짝 열어젖히는 임무는 아버지에게 돌아간다. 아버지가 제3자로서 그들의 관계에 끼어 들어가야 하는 것이다. 물론 그러자면 여성의 허락이 있어야 한다. 여성이 자신의 지위만큼이나 힘이 있는 지위를 남성에게 허락해야만 한다.

바로 여기에서 성의 상징적 힘이 작동한다. 눈으로 볼 수 있어 의심할 수 없는 어머니와 자식의 신체 관계에 상징적 결합이 맞선다. 물론 아버지는 성이라는 상징을 통해서만 자식과 결합될 뿐이고 신체나 정서적 결합은 불가능하다는 뜻은 결코 아니다.

아버지가 어머니의 권력에 대항하는 균형추가 될 수 있으려면 아버지만이 갖는 힘이 있어야 한다. 아버지의 지위를 정서적, 신체적으로만 규정할 경우 아버지는 '결함 있는 여성' 그 이상이 아닐 것이다.

셋째, 동등한 권리를 누리는 강한 여성의 실존이 가능하려면 당연히 법이 필요하다. 하지만 이런 법을 요구하는 것만으로는 강해지지 못한다. 오히려 정반대의 방법으로, 다시 말해 나누어줄 수 있는 능력으로 더 강해질 수 있다.

오늘날의 아버지들에게는 자동적으로 자식에게 자신의 성을 물려줄 수 있는 특권이 부여되지 않는다. 가부장제의 시대는 이제 저물었다.

따라서 여성이 의도적으로 타당한 근거를 바탕으로 아이에게 성을 물려줄 권리를 포기한다면, 그것은 과거로의 회기가 아니라 자유롭고 관대하며 주체적인 행위다.

딸이 세 살 되던 해 우리 부부는 나의 바람과 채근에 못 이겨 아이의 성을 베르너로 바꾸었다. 그날 이후 아이는 (남동생과 마찬가지로) 아버지와 같은 성을 사용한다.

한 가지 마음에 걸리는 점은 플로리안이 내 설득에 못 이겨 마지못해 이 결정에 동의했다는 사실이다. 그는 아이들에게 성을 물려주지 않아도 전혀 배제당하는 기분이 아니라고 거듭 강조했다.

남자들이란 참 이해가 안 된다.

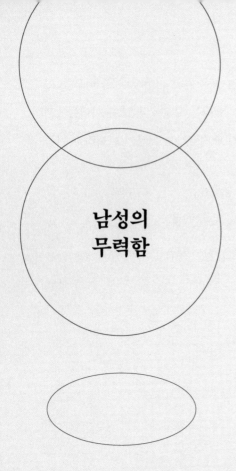

남성의
무력함

자기 성을 물려주는 것은 확실한
애정 표현도, 힘의 증거도 아니다.

♂   스베냐가 개명 신청서를 작성할 때 나는 옆에 없었다. 하지만 아내의 말을 들어보니 우리의 결정에 담당 공무원이 상당히 당혹스러워했다고 한다.

결혼 후에도 각자의 성을 유지하는 많은 부부들이 서로 자기 성을 아이에게 물려주겠다고 싸운다. 그런데 우리 부부는 서로 자기 성을 안 물려주겠다고 하는 데다가, 엄마가 아이한테 물려주었던 자기 성을 도로 빼앗으려고 하였으니, 아마 독일 성명법 역사상 유일한 경우였을 것이다.

♀ "아이한테서 자기 성을 도로 빼앗으려고 한다."라는 플로리안의 이 말만 들으면 내가 아주 못된 엄마 같다. 어떻게 아이한테서 성을 도로 빼앗아 상징적 결합의 끈을 잘라버릴 수 있단 말인가? 하지만 플로리안도 이미 알고 있을 것이다. 물려주었던 성을 도로 빼앗으려는 행위는 모자 관계를 (이기적인 생각에서) 상징적으로 되물리려는 것이 아니라 '여성의 전권'에서 말한 것과 같은 이유에서 플로리안을 우리 관계에 끌어들여 그의 성을 물려줄 수

95

있게 하려는 의도다.

두 명의 꼬마 플라스푈러가 생긴다면 나로선 당연히 좋겠지만 나만 생각해서는 안 되는 것이다.

1957년 독일 내에서 남녀 평등법이 시행된 이후 여성은 결혼을 한 뒤에도 자신의 성을 그대로 쓸 수 있게 되었다. 물론 베르너-플라스푈러와 같이 남편의 성에 덧붙여서다. 1977년부터는 남편이 아내의 성을 따를 수도 있게 되었다.

우리 부부가 선택한 방법, 즉 결혼을 하고서도 각자의 성을 그대로 유지하는 방법은 1994년부터 가능해졌다. 그러니까 얼마 전까지만 해도 스베냐와 나의 다툼은 아예 있을 수조차 없는 일이었다. 우리 할아버지 세대라면 무슨 말이냐며 고개를 절레절레 흔들었을 일이다.

솔직히 개명 신청서에 서명을 하기는 했지만 나는 항의도 많이 했고 몇 달 동안 아침 식탁에서 수없이 토론도 했다. 그러나 스베냐는 날이 갈수록 더 열을 올리며 앞장에서 설명한 논거들을 빵에 마구 발라댔고, 결국 어느 순간 나는 그 빵을 받아들고 꿀꺽 삼키고 말았다. 하지만 지금까지도 무슨 맛인지는 잘 모르겠다.

우 지금까지도 나는 왜 플로리안이 이 문제에서 저렇게 어깃장을

놓는지 잘 모르겠다. 아이들이 자기 성을 따르는데 기쁘지 않다고? 난 못 믿겠다. 자식이 자기 성이 아니라서 괴로워하는 아빠들(플로리안도 포함하여)은 몇 명 안다.

첫째, 아주 세속적인 이유 때문이다. 나는 아이들의 이름만 부른다. 아이들의 성이 무엇인지, 그러니까 아이들이 그사이 나와 같은 성을 쓰게 되었다는 사실은 아이들을 병원에 데리고 가서 피보험자 카드를 제출해야 할 때나 이런저런 일로 관공서에 갔을 때뿐이다. 딸과의 관계는 성이 바뀌기 전에도 너무나 끈끈했기에 아이가 갑자기 나와 같은 성을 쓰게 되었다고 해서 새삼 사이가 더 좋아질 일도 없다.

둘째, 나는 스베냐와 달리 성에 그렇게 엄청난 상징적 의미를 부여하지 않는다. 단어는 그것이 지칭하는 사람이나 사물과 자의적인 관계를 맺을 뿐이라는 이론은 페르디낭 드 소쉬르Ferdinand de Saussure의 기호이론 이후 널리 알려진 주장이다. 이름이란 것도 결국에는 괴테의 말처럼 그저 '소리와 연기'일 뿐이다. 어떤 사람은 소리를 조금 더 잘 내고 어떤 사람은 조금 더 못 내는 것일 뿐 결국 이름은 지칭하는 대상의 본질을 바꿀 수 없는 자의적 설정에 불과하다.

우 플리리안이 (문예학자라는 사람이) 상징의 힘에 반대한다니 정말로 놀랍다. 정말로 성은 아무 의미가 없을까? 성이란 소속과 출신을 알리는 신호가 아닌가? 자신의 출신을 알리는 확실한 기호가 아닌가?

성이 정말로 그렇게 허무한 것이라면 왜 플로리안은 그렇게 반대를 할까? 오히려 우리 딸의 성을 바꾸는 것이 정말로 중요하기 때문에 반대하는 것이 아닐까? 중요하지 않다면 왜 결혼한 후에 내 성을 따르지 않았을까?

테오도르 아도르노Theodor W. Adorno는 1930년에 펴낸 《이름에 대한 메모》에서 이렇게 말했다.

"우리 운명의 줄이 꼬여 풀 수 없는 그물이 된다면 이름은 그 줄에 찍힌 인장이 될 것이다. 우리가 이해하지도 못한 채 복종하는 이니셜을 우리에게 들이밀면서 (……) 우리의 개입을 막는 인장이 될 것이다."

정말로 아름답고 암시적인 표현이어서 동의하고 싶은 마음이 굴뚝같지만, 사회의 계층이 지금보다 훨씬 확고했던 (그러니까 성이 곧 출신을 의미했고 그럼으로써 미래도 함께 결정했던) 시대에 딱 맞는 말이었을지도 모르겠다.

사회적, 지리적 유동성이 막대해진 이 시대에 '이니셜'은 그와 같은 신원 확인 기능을 더 이상 하지 못한다. 그래서 누군가는 그 옛날 베스트팔렌 농부의 성을 이름 앞에 매달고서도 철학 박사 학위를 받고 베를린에서 살 수 있는 것이다.

> ♀ 맞다. 물론 그럴 수 있다. 하지만 그럼에도 나의 출신은 의미
> 가 있고, 무엇보다 나의 성에서 분명히 드러난다. 나는 절대 그
> 성을 포기하지 않을 것이다!

한마디로 나는 아이들의 성이 가족의 생활에 영향을 미칠 만큼 대단한 힘을 가졌다고 생각하지 않는다. 지난 역사의 경험만으로도 충분히 알 수 있는 사실이다. 아버지들은 수백 년 동안 자기 성을 자손에게 물려주었지만, 어떤 식으로든 (누가 봐도 확실한) 모자의 공생 관계에 활력을 선사하거나 그 관계의 문을 열어젖히지 못했다. 오히려 대부분이 부재했다. 다 알다시피 시민계급의 가족 모델에서는 여성이 정숙하게 집에 남아서 아이들을 키우고 살림을 했다. 성이 무엇이건 간에 아내가 집을 지켰다.

아버지들이 강력한 모자의 신체적 공생 관계에 맞서고자 한다면 (또 그래야 마땅하다!) 기저귀를 갈고, 목욕을 시키고, 분유를 먹이고, 아이를 재우고, 틈틈이 책을 읽어주고, 같이 놀아주고, 같이 노래를 부르고, 많이 쓰다듬어주어야 한다. 아버지가 자기 성을 물려주는 것은 확실한 애정 표현도, 힘의 증거도 아니다.

우 바로 그 생각이 틀렸다. 무조건 곁에 있다고 해서 모자의 공생 관계를 열어젖힐 수 있는 것이 아니다. 열어젖힐 수 있는 아버지의 힘이 있어야 한다. 하루 종일 아내와 아이들 주변을 얼쩡거리면서도 공생의 문을 열지 못하는 아버지들이 수없이 많다. 그들은 아내와 아이의 거대한 천체 주위를 하릴없이 맴돌다가 가련하게 주변에서 다 타서 사라진다.

또한 부재하는 아버지가 실재하는 아버지보다 힘이 센 경우가 드물지 않다. 물론 부재하는 아버지를 바란다는 말을 하려는 것은 아니다. 다만 상징적 버팀목이 필요하지 않은 것처럼 행동해서는 안 된다는 말이다.

마지막으로 한마디만 더 하고 싶다. 역효과가 났다. 떼어내려는 노력을 통해 오히려 스베냐는 우리 딸을 상징적으로 더욱 자신에게 붙들어 매었다. 성을 바꾼 이후 아이들은 심심하면 왜 엄마 성이 아니고 따분한 아빠 성을 따라야 하느냐고 우리를 괴롭힌다.

우 맞다. 히지민 내가 볼 때 그 이유는 주로 플로리안이 성을 물려주는 역할을 선뜻 받아들이지 않은 탓에 딸에게 무언가를 잃었을 뿐 아무것도 얻지 못했다는 느낌만 남았기 때문이다.

이제 그만! 마지막으로 이 말만 하고 끝내자. 스베냐는 여성의 전권을 제약하려 한다면서 오히려 자기 뜻을 관철시키고, 그럼으로써 자신의 전권을 만천하에 과시하였다는 사실은 아이러니가 아닐 수 없다. 여자들이란 참 이해가 안 된다.

공동사회

고슴도치도 제 새끼는 함함하다.

♂　　　　딸아이의 기저귀를 갈다가 번쩍하고 깨달음이 밀려왔다. 우리 딸의 똥오줌은 냄새가 안 난다. 아, 물론 그렇다고 특별히 좋은 냄새가 나는 것은 아니다. 그걸 코에 갖다 대고 문지르고 싶다거나, 예전에 아이한테 홀딱 빠진 어떤 아빠가 그랬듯 아기 똥을 빵에 잼처럼 바르고 싶다거나… 그런 것은 절대 아니다.

하지만 적어도 다른 아기들의 분비물처럼 고약한 냄새가 나지는 않는다. 다른 사람 아기의 기저귀를 갈아본 사람이라면 내가 무슨 말을 하는지 알 것이다.

똥이 누구 몸에서 나왔느냐에 따라 평가가 극단적으로 갈린다는 깨달음은 새로울 것이 없다. 고대 로마 시대의 속담에도 이런 말이 있다.

"자기 똥 냄새는 다 좋다고 한다.stercus cuique suum bene olet."

이와 관련해서 프랑스 작가 미셸 드 몽테뉴Michel de Montaigne는 16세기에 이런 시를 지었다.

"우리가 제일 좋아하는 냄새가 무엇인가? / 바로 자기의 똥 냄새다!"

지그문트 프로이트Sigmund Freud는 약간의 유머를 섞어서 그 모든 진화에도 불구하고 인간은 '자기 똥 냄새'에는 거의 불쾌감을 느끼지 않고 '항상 남의 똥 냄새에만' 불쾌감을 느낀다고 단언했다.

똥 냄새에 대한 이런 관용적 태도가 자기 자식의 똥으로까지 뻗어나간다는 깨달음은 나로선 새로운 것이었다. 그러니까 가족에게는 공통의 냄새(어떤 특정한 냄새가 유전적으로 전달되는지는 똑똑한 생화학자들이 밝힐 일이겠지만)가 있어서 그것이 나와 내 자식을 결합시키는 것이 분명하다.

가족끼리의 그런 관용은 순수 실용적 차원에서 볼 때도 매우 환영할 만한 일이다. 매일매일 기저귀 갈기가 엄청나게 수월해질 테니까 말이다.

하지만 나에게 그날의 깨달음이 충격과 수치를 동반하기도 한 이유는 나의 후각적 체험에 담긴 잠재적 반동의 냄새, 그러니까 원시 파시즘의 냄새 때문이다.

이게 무슨 말인지 제대로 설명을 하기 위해서는 19세기 말 독일이 사회학자 페르디난트 뵈니에스Ferdinand Tönnies가 구분한 '공동사회Gemeinschaft'와 '이익사회Gesellschaft'의 차이를 먼저 알아야 한다.

뵈니에스에 따르면 공동사회와 이익사회는 근본적으로 다

른 두 가지 인간 공생의 형태다. 공동사회는 항상 혈연과 지연을 바탕으로 삼는다. 장소는 가족, 농가, 마을이며, 아무리 넓게 잡아도 소도시이므로 어쩔 수 없이 서로 얽혀 있고 비슷한 가치관과 사회관을 공유한다.

반대로 이익사회는 매우 광범위하고 포괄적인 공생 형태다. 혈연이 아니라 합의로 맺어진 복잡한 사회적 관계의 영역이다. 장소는 현대의 대도시이며, 따라서 둘 중 더 우리 시대에 맞는 형태다.

퇴니에스는 역사적으로 볼 때 공동사회에서 이익사회로의 이동은 단순하고 혈연적인 공산주의에서 대도시의 보편적이고 독립적인 개인주의와 그를 통해 만들어진 사회주의(국가와 국제사회)로의 동향으로 이해될 수 있다고 말한다.

스베냐와 나는 당연히 아이들을 지역적이고 편협한 공동사회의 일원으로 키우고 싶지 않다. 아이들이 독립적이고 도시적이며, 더 나아가 세계주의 사상을 가진 코즈모폴리턴 Cosmopolitan으로서의 사회 구성원이 되었으면 좋겠다. 게다가 공동사회라는 개념은 1920년대부터 독일 청년운동이나 훗날의 나치 같은 반현대 운동 집단에 의해 이데올로기적으로 악용당했다. 당연한 말이지만, 우리는 포스트모던 다문화 사회에서 지극히 사회적인 개인이 되어야 한다는 요구를 우리 자신에게도 던지는 바다.

그런데 딸아이의 기저귀를 가는 그 순간 문득 이런 숭고한 요구의 한가운데로 가장 낮고 가장 저급하며 가장 반사회적인 무리 동물의 본능이 비집고 들어왔다. 내 새끼는 냄새가 좋고 다른 사람의 자식은 고약한 냄새를 풍긴다고 말이다. 고슴도치도 제 새끼는 함함하다! 피는 물보다 진하다! 우가우가! 통속적인 선사시대로의 복귀 본능을 얌전히 따르는 무리 동물적 사고, 공동사회의 원시 숲으로의 귀환이라니!

이익사회의 착하고 마음 너른 구성원이 되자면 남의 자식 똥 냄새를 내 자식 똥 냄새처럼 향긋하다고 생각해야 하는 것은 아닐까? 아니면 거꾸로 우리 딸의 똥 냄새에도 남의 자식 똥 냄새처럼 구역질을 해야 하는 것은 아닐까?

이마누엘 칸트Immanuel Kant도 알고 있었듯 이런 '구역감'은 '강한 활력의 감정'이며 굳게 결심을 한다고 해서 쉽게 키우거나 줄일 수가 없다. 아무리 교육을 시켜도 그 감정을 가르치거나 금지시킬 수 없고, 사회정치적인 이유로 무시해버릴 수도 없다.

그러나 그렇다고 해서 아무 저항도 하지 않고 그 감정에 순응해서는 안 될 것이다. 우리 코에는 다른 아이들의 냄새가 고약하지만 그럼에도 우리는 그 아이들의 기저귀를 갈아줄 수 있다. 반대로 우리 코에는 우리 자식의 기저귀에서 은방울꽃 향기가 나지만 다른 부모들 코에는 그렇지 않을 것이라고 생각할 수 있다.

우리는 (어느 정도 문명화된 생각하는 인간으로서) 어쨌든 남들과 우리 사회 구성원이 아닌 사람들도 우리 이웃과 똑같이 대하려 진지하게 노력할 수 있다. 때로 악취가 풍기더라도 말이다.

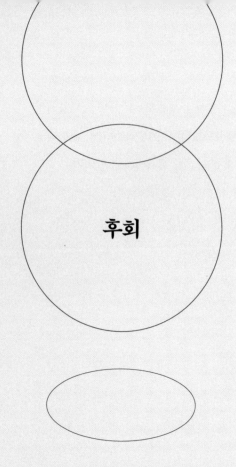

후회

엄마 됨을 후회하는 것은
에너지 낭비에 불과하다.

♀　　　　"엄마가 된 것을 후회한다." 요즘 유행하는 페미니즘 구호 'Regretting motherhood'는 이렇게 번역할 수 있을 것이다. 이스라엘 여성 사회학자 오나 도나스Orna Donath는 같은 제목의 연구서에서 이 슬로건을 세상에 선보였다. 그녀의 책에는 할 수만 있다면 다시 '엄마 됨'을 무르고 싶다는 여성들의 이야기가 담겨 있다. 이들은 자식을 사랑하지만 엄마가 된 것은 싫다고 고백한다. "시간을 되돌릴 수 있어서 지금의 지식과 경험을 갖고 과거로 돌아갈 수 있다 해도 다시 엄마가 될 것이냐?"라는 질문에 이들 전원이 "아니다!"라고 대답했다.

도나스가 오래된 '행복한 암탉' 동화를 깨끗하게 정리한 데 대해서는 우선 환영의 뜻을 표한다. 사실 아이는 부모의 삶을 완전히 뒤바꾸지만, 그것이 항상 더 나은 방향인 것은 아니다. 아이는 자유를 제약한다. ('실패한 가족 정책 및 전통적 역할상'이라는 표현이 더 정확하겠지만) 아이 때문에 여성들은 어쩔 수 없이 사표를 낸다. 아이 때문에 부부가 헤어지는 경우도 있다. 모든 것이 간단하지가 않은 것이다.

하지만 가만히 살펴보면 엄마 됨을 후회하는 것은 에너지 낭비에 불과하며, 거기서 한 걸음 더 나아가 자신을 체벌하는 전형적인 방식이다. 그러기만 했더라면! 그러지 않았더라면! 불행한 여성들은 그렇게 후회하며 자신의 고통을 한탄한다. 하지만 다 알다시피 그런 후회는 아무짝에도 소용없다. 과거는 무거운 돌비석처럼 옮길 수가 없는데, 후회하는 여성은 그 비석에 머리를 찧는다. 쾅, 쾅, 쾅, 또 한 번 쾅! 남자들이라면 복수를 하려 들 것이다. 부모 됨의 경우 어떻게, 누구에게 복수를 해야 할지 불확실하지만 말이다.

결국 이 두 가지 길, 후회와 복수가 잘못인 이유는 프리드리히 니체의 《차라투스트라는 이렇게 말했다》에 담겨 있다. 제목에 등장하는 은자 차라투스트라는 훨씬 더 강력한 미래 지향적 해결 방안을 내놓는다. 인간의 의지를 괴롭히는 것은 '시간을 부술 수 없다'는 사실이다.

"시간이 되돌아가지 않는다는 것, 이것은 인간의 의지에 원한이 된다. '있었던 일'은 인간의 의지가 굴릴 수 없는 돌의 이름이다. 그래서 의지는 원한과 불만을 풀기 위해 돌을 굴리고 자신과 달리 분노와 불만을 느끼지 않는 자에게 복수하는 훈련을 하는 것이다."

이렇듯 차라투스트라는 무기력한 후회를 경멸하며 구원의 자세를 그에 맞세운다. 그것은 바로 '창조 의지'다. 창조 의지는 "그것이 있었다."를 잠시 "나는 그렇게 되기를 바랐다!"로 바꾼다. 즉, 성공의 가망이 없는데도 괜스레 과거를 되돌리려 하지 않고, 아무리 끔찍했다 해도 과거를 포용하고 인정하며, 환영한다. 니체의 말을 그대로 옮겨보면 다음과 같다.

"있었던 모든 것은 조각이요, 수수께끼요, 잔인한 우연이다. 창조 의지가 '그렇지만 나는 그렇게 되기를 바랐다!'고 할 때까지는. 창조 의지가 '그렇지만 나는 그렇게 되기를 바란다! 그것이 그렇게 되기를 바란다!'라고 할 때까지는."

이런 말의 밑바탕은 조악한 마조히즘이 아니라 현재에 대한 용기 있는 동의이며, 우리의 실존에 의미를 부여할 수 있는 것은 우리 자신뿐이라는 깨달음에 의한 동의다. 살면서 만나는 우연과 사건들을 역사로 엮어야만 인간은 진정으로 인간이 된다. 무기력은 창조 의지를 통해 힘으로 바뀐다. 과거가 수용되어 자기 것이 되며, 이런 방식으로 구원되는 것이다.

오늘날의 출산과 관련해 보면, 니체의 "나는 그렇게 되기를 바랐다!"는 말은 심지어 이중의 의미에서 옳다. 21세기의 임신은 더 이상 '우연'이 아니다. 알고서 받아들이거나 심지어 의도적으로 추구하는 것이다. 부모 됨의 위험과 부작용을 사전에 전혀 몰랐다고 누가 진심으로 주장할 수 있겠는가? 그러니 이제 '엄마 됨의 후회'란 결국 과거에 고착된 미성숙의 본질임을 인정할 때가 된 것이다.

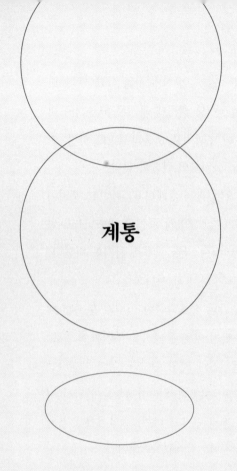

계통

우리의 계보를 그리고 싶다면 우리가
아는 계통수를 도끼로 찍어야 한다.

♂   숙제가 엄청 쉽다고 생각했다. 초등학교에 갓 입학한 우리 딸이 학교에서 가족 계보를 그려오라는 숙제를 가져왔다. 정말 멋진 아이디어야! 우리는 부모님과 조부모님에게 이것저것 여쭈었고 한 번도 들어본 적 없는 조상들에 대해서도 열심히 조사를 하여 이름과 생년월일과 사망일이 적힌 근사한 리스트를 작성했다. 이제 이것을 계통수 형태로 정렬하여 나무 모양을 만들기만 하면 되겠다! 어? 그런데 왜 안 되지?

딸이 아무리 노력해도 원하는 나무를 그릴 수가 없었다. 자고로 식물이란 아래에서 위로 자라는 것이기에 과거 조상들이 줄기를 차지하고 자손의 이름은 잎에 적어야 마땅하다. 문제는 증조부모 몇 분의 이름을 적다 보니 줄기가 과포화상태가 되었다는 것이다. 반대로 이파리 쪽은 딸의 이름이 적힌 잎하나만 달랑 달려 있었다. 진짜 나무가 이런 비율이라면 살아남을 수가 없다. 당연히 얼마 못 가고 광합성 부족으로 죽고 말 것이다.

그제야 나는 이제 계통수는 계보학의 모델로서는 더 이상

적합하지 않다는 사실을 깨달았다. 지금껏 우리의 계보에서는 존경할 만한 선조 한 분이 줄기가 되어 후손들에게 성을 물려주셨다. 그분에게서 점차 다음 세대들이 가지를 쳐서 나오고 손자의 손자의 손자의 손자의 잎들이 자라나 나무를 푸르게 뒤덮는다. 장남이 아닌 아들과 딸들은 잘라내버려야 한다. 안 그러면 가지가 뒤엉켜 도저히 알아볼 수가 없기 때문이다. 이런 도식이 제대로 작동하려면 바탕이 되는 유일한 조상이 있고 그분에게서 모든 후손들이 생겨 나와야 한다. 따라서 이 계통수에는 모든 조상(여성이건 남성이건, 모계이건 부계이건)들이 동등하게 자리를 잡는 양성평등 사상이 들어설 자리가 없다.

하지만 우리 딸이 원한 것은 달랐다. 아이는 모든 가족의 가지를 보고 싶어 했다. 모든 할아버지, 할머니와 증조할아버지, 증조할머니를 (이혼을 했어도, 결혼으로 맺어진 관계라도, 다시 이혼을 하고 다시 결혼을 했더라도) 전부 다 그림에 집어넣으려고 했다.(여기서 설명하기에는 너무 긴 사연이지만, 아이의 조부모는 무려 열네 명이다.) 오래전에 흙으로 돌아간 까마득한 조상이 아니라 딸아이의 할머니, 할아버지만 적었는데도 그렇게 숫자가 많았다. 결국 만족스러운 해답은 나무를 땅에서 뽑아서 계통수를 거꾸로 세우는 것이었다. 굵은 몸통은 우리 딸의 차지가 되었고, 우리, 즉 부모와 다른 조상들은 가지와 나뭇잎이 되었다.

이런 서열의 역전은 부모라면 다 인정하겠지만 현대인의

(특히 젊은 사람들한테서 도드라지는) 극단적 자아 연관성을 보여준다. 또 한편으로 과거에는 상상도 못했을 후세대(더불어 미래 세대)에 대한 높은 평가를 반영한다. 역사학자 라인하르트 코젤렉Reinhart Koselleck의 말대로 근대 이전에는 과거와의 재연관성, 즉 가족의 출신이 시간 인식에서 지배적 의미를 차지했다. 그러던 것이 계몽주의가 시작되면서 초점이 점차 과거에서 미래로 이동했다. 경험의 공간을 결정하는 것이 더 이상 '있었던 일'이 아니라 앞으로 '있을 일'이 되었다.

"서서히 인식되는 미래의 개방은 무엇보다 성장 메타포의 변화에서 짐작할 수 있다. 무한의 과정이 자연적 노화 메타포에서 벗어난 미래를 활짝 열어젖혔다."

누가 봐도 죽은 나무의 일부인 자연적인 성장 메타포는 저 깊은 계보의 층에 뿌리를 내린 부계의 계통수다. 하지만 우리 딸이 그린 나무 역시 미래를 잉태한 대안은 아니다. 어린 나무의 몸통에 수백 살 먹은 가지와 잎들이 매달려 있는 나무는 생물학적으로만 오류인 것이 아니다. 자손을 기틀로 삼아 선 계통수는 존재할 수가 없다.

현실을 직시하자. 미래와 개인에 초점을 맞춘 나날이 복잡해질 우리의 계보를 그리고 싶다면 우리가 아는 계통수를 도끼로 찍어야 한다. 그런 다음 나무 대신 숲 전체를 그려야 한다.

2부

아들이
태어나다

기다림

아이를 기다리는 일은 올지 안 올지
모르는 일을 기다리는 것과 같다.

♀ 　　　기다림에는 세 가지 형태가 있다. 첫 번째 유형은 기다리는 것이 정해진 시간에 온다는 사실을 안다. 이를테면 시간 약속을 한 데이트가 이런 유형의 기다림일 것이다. 크리스마스 선물, 다음 생일, 여름휴가를 기다리는 것도 여기에 포함된다. 두 번째 유형은 기다리는 것이 온다는 사실은 알지만 정확히 언제인지는 모른다. 생리나 죽음을 기다리는 일이 여기에 해당된다. 세 번째는 올지 안 올지 모르는 일을 기다리는 것이다. 진정한 나의 짝을 기다리는 것이 여기에 해당될 것이다. 혹은 아이를 기다리는 일이거나.

　　　우리는 아들을 5년 동안 기다렸다. 기다림의 시작은 딸이 두 살 때였다. 둘째를 낳자고 결심했다. 아무 소식이 없었다. 그래서 배란일을 체크하고 재생산적 섹스의 길일을 잡았다. 이 단계가 몇 년 동안 이어졌다. 내 마음대로 할 수 없는 것을 계산을 통해 내 마음대로 하려고 했던 시간이었다. 마지막으로 오랜 망설임 끝에 난임 센터를 찾아갔다. 의사는 내 나이를 고려해 인공수정으로 임신 확률을 높여보자고 권했다.

둘째를 너무나 바랐지만 나는 (다행히 플로리안 역시) 이 방법은 아니라고 생각했다. 산부인과 침대에 누워서 주사로 임신을 할 생각은 없었다. 상상만 해도 굴욕적이고 존엄하지 않았다. 첫아이가 없었어도 인공수정을 거절했을지는 잘 모르겠다. 하지만 그렇게 하느니 둘째는 포기하는 편이 나았다. 더구나 정신분석의 향기에 취한 나는 신체 증상을 무시하거나 술책을 써서 몰아내지 않고 귀 기울여 듣는 편이다. 어쩌면 내가 임신을 못 한다는 신호가 아닐까? 내가 아니라 플로리안이 아이를 낳지 못한다는 의미일 수도 있다. 항상 문제가 생기면 자기 탓부터 하는 사람들이 있는데, 나는 그러고 싶지 않다.

♂ 흠흠! 이 문제라면 나도 할 말이 있다. 나 역시 먼저 나한테 원인이 있는 것은 아닐까 고민하여 남성과(정말로 이런 진료과가 있다.)를 찾아갔고 그야말로 모욕적이고 존엄하지 않은 절차를 다 거쳤다. 하지만 역시 예상과 다르지 않았다. 의사는 문제를 신체적 차원에서만 찾았고, 그런 사람에게 심적 문제를 고집하다가는 어떻게 될지 짐작이 가서 그 정도에서 멈추었다.

이런 고민들이 떠올랐다 사라지기를 반복했지만 시간이 가면서 점차 무뎌졌다. 삶은 계속되었고, 일은 전과 다름없이 많았다. (이게 이유인가? 결국 나는 일을 더 중요하게 생각하는 여자일까? 이것이 불임의 내 몸이 보내는 메시지일까? 둘째가 출세의 걸림돌이라고?) 결국 나는 셋이서 재미있게 살자고 결심했다.

그러다 2014년 여름 코르시카로 여름휴가를 떠나기 전날 저녁이었다. 어쩌다가 날짜가 지났는데 생리가 아직 없다는 사실을 깨달았다. 그리고 짐을 싸다 말고 잠시 커피를 마시러 카페에 들른 참에 약국에 들러 임신 테스트기를 샀다. 집으로 돌아와 다시 짐을 쌌고 저녁을 먹고 딸을 재우고 나서야 테스트기를 샀다는 생각이 났다. 맞아. 테스트기를 샀지. 15분 후 나는 플로리안에게 색이 선명한 두 줄을 보여주었다.

온갖 처세서에 적힌 이 진부한 지혜를 우리 모두는 잘 알고 있다. 정말로 내려놓아야 이루어진다. 그 무엇도 강요하거나 바라지 않을 때 기다리던 것이 찾아온다. 돌이켜보니 프랑스 철학자이자 작가인 알랭 바디우Alain Badiou가 '사건'이라 부른 것의 본질 역시 그런 의미다. 사건은 전형적인 뜻밖의 일이다. 갑자기 일어나서 삶으로 밀고 들어온다. 갑자기 위대한 사랑이 찾아온다. 갑자기 오래 기다렸던 임신이 찾아온다. 하지만 바디우는 그 사건이 효력을 발휘할 수 있으려면 우리가 그 사건을 향해 생산적으로 마음을 열어야 한다고 말한다. 다시 말해 그 사건에 대해 '신의'를 지켜야 하는 것이다.

그러니 나는 진실로 내려놓지 못했던 것은 아닐까? 여전히 무언가를 바랐던 것일까? 그 대답은 결코 알지 못할 것이다.

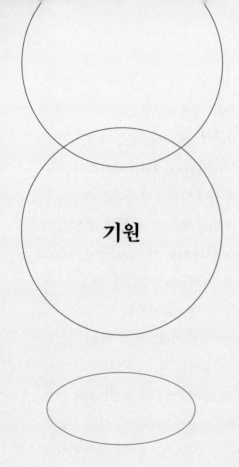

기원

기원을 알 수 없기는 우주도 마찬가지다.

♂ 　　　자백할 수밖에 없다. 우리 아들이 어떻게 만들어졌는지 전혀 기억이 안 난다.

♀ 그건 나도 마찬가지다. 우리 부부가 그렇게 오랫동안 이 둘째 아이를 기다렸다는 사실을 생각한다면 더욱 놀랄 일이다.(118쪽 '기다림' 참고)

내가 아이를 만들어낸 사람이란 것은 확실하다.

♀ 나도 마찬가지다.

하지만 정확히 언제 결정적 행위가 벌어졌는지, 그 행위가 오래 걸렸는지 금방 지나갔는지, 내가 졸렸는지 정신이 말짱했는지 도무지 기억이 안 난다.

그래서 정말로 유감이다. 탄생이란 정자와 난자가 성공적으로 만나서 태어난 인간의 삶에서 단 한 번밖에 일어나지 않는 특별한 사건이니까 말이다. 그 사건과 비유할 만한 일은 성경에서 물과 진흙으로 빚은 아담이 창조된 사건이나 우주의 빅뱅밖에 없다.

그러기에 더더욱 나는 세상을 움직이는 이 위대한 사건들과 마찬가지로 우리 아들의 탄생이 어떻게 진행되었는지 간절히 알고 싶은 것이다.

더구나 탄생의 상황은 훗날 인간의 흥복에 영향을 미칠 수 있다. 고대에서 근대 초기까지 의학과 심리학의 담론이 '체액 생리학' 혹은 '체액 이론'에 지배당했기 때문이다. (《히포크라테스 전집》에 제일 먼저 기록되었던) 이 이론에 따르면 인간의 신체와 심리의 균형은 가장 중요한 네 가지 체액, 즉 혈액, 점액, 황담즙, 흑담즙이 제대로 잘 섞인 덕분이다. 고루 섞이지 못해서 혈액이 과다하면 낙천적인 사람이 되고, 점액이 과도하면 둔감한 사람이 되며, 황담즙이 많으면 다혈질이고, 흑담즙이 많으면 우울한 성격을 가진다.

내가 아끼는 작가 로렌스 스턴은 18세기 중엽에 처음으로 이 체액 이론을 출산 행위와 연결시켰다. 《트리스트럼 샌디 Tristram Shandy》에서 1인칭 화자는 섹스를 힐 딩시 제액의 상태 (스턴은 이것을 '동물 정기animal spirits'라고 불렀다.)가 맞지 않으면 그때 생겨난 '호문쿨루스Homunculus, 소인' 역시 그릇된 길로 빠진다고 주장한다.

"너희 모두 동물 정기에 대해, 그것이 어떻게 아버지에게서 아들로 대를 이어 전해지는지 (……) 들어봤을 거야. 한 인간의 이성 혹은 비이성, 이 세상의 행복 혹은 불행은 열에 아홉이 그 정기의 운동과 활동, 그것의 자취와 걸음에 달려 있는데, 그 정기는 일단 달리기 시작하면 (……) 누가 뒤에서 채찍을 휘두르는 것마냥 미친 듯이 내달리거든."

18세기의 위생학자들도 아이의 마음과 건강 상태는 수정의 순간에 결정된다고 믿었다.

프랑스 의사 프란시스 드베이Francis Devay는 1862년에 "양친의 순간적 신체 혹은 심리(정욕) 상태가 아이의 신체와 정신적(도덕적) 천성에 미치는 막대한 영향력을 의심하는" 자는 세상 물정 모르는 태평한 부모들뿐이라고 비난했다.

심지어 1894년에 나온 조언서 《결혼 생활의 건강 유지》에서는 아이는 "성교하는 부모의 사진"에 불과하다는 당시로서는 엄청 진보적인 비유를 사용했다.

현대인들의 눈에는 고리타분하고 비현실적이며 비과학적으로 보일지 모르지만 그래도 이런 주장들은 여전히 우리의 고민스러운 지점을 건드린다.

아빠 혹은 엄마가 되고 난 후(보통 수정 이후 열 달이 지난 다음)에야 가능한 육아의 과정이 이미 수태의 순간부터 시작된다면 우리는 그 과정을 조종할 수 있을까? 만약 조종할 수 있다면 어느 정도 조종할 수 있을까? 자연의 몫은 어느 정도이며 문화의 몫은 또 얼마인가? 교육은 호문쿨루스의 성장에 얼마나 영향을 미칠 수 있을까? 아니면 중요한 것은 전부 유전자, 우연, 일시적 기분, 거대한 생화학적 로또 복권에 의해 이미 결정되고 정해지는가?

이런 이론에 의하면 우리 아들은 (수정되는 순간 스베냐나 나의 몸에 과도한 흑담즙이 있었다는 이유만으로) 나중에 커서 몽상가가 될까? 아이가 화를 잘 내거나 게으르거나 신경질적일 수도 있을 텐데 그것도 다 우리 책임이라는 말인가? 우리가 무지한 7월의 어느 밤에 아이를 그릇된 체액생리학의 길로 인도하였기 때문에?

《트리스트럼 샌디》에서 화자는 이렇게 한탄한다.

"우리 아버지나 어머니 혹은 두 분 모두가 (……) 나를 낳을 때 어쩔 계획이었는지 고민을 좀 하셨더라면!"

우리 아들도 나중에 저런 한탄을 하게 될까? 우리 아들도 생각 없이 자신을 낳은 우리 부부의 과실을 비난할까?(160쪽 '묻지도 않고' 참고)

모르겠다. 내가 아는 것은 그저 그 자은 호문쿨루스의 존재를 알게 된 이후 우리가 온 힘을 다해 모든 유해한 액체(술, 커피, 약)로부터 그것을 지켰다는 사실이다. 또 우리 안의 인간 정기는 그에게 무척 호의적이었다는 사실이다.

기원을 알 수 없기는 우주도 마찬가지다. 빅뱅의 정확한 상황 역시 재구성될 수 없다. 첫 난자의 수정, 우주의 생성 역시도 대부분은 어둠에 묻혀 있다.

인생무상

왜 여자는 삶을 시작에서부터 생각하고
남자는 끝에서부터 생각하는 것일까?

♂ 임신 13주 차 정밀검사. 실로 대단한 장면이 펼쳐진다. 스베냐는 검사실 침대에 누워 있고 나는 등받이가 딱딱한 바로 옆의 의자에 앉아 그녀의 손을 붙잡고 있다. 의사는 침대 건너편에 앉아서 초음파 막대로 차츰 불룩해지는 그녀의 배를 이리저리 훑으며 자궁 실황중계를 한다. 맞은편 모니터에는 오렌지색 영상이 번쩍거린다.

처음으로 우리는 미래의 아이를 만난다. 이미 수정된 단세포나 맹아를 넘어 태아의 상태에 이른 우리 아기에게 첫인사를 건넨다. 아이가 움직이고, 손으로 얼굴을 가리고, 손가락을 빠는 모습을 지켜본다. 그 고약한 목주름(다행히 눈에 잘 띄지는 않았지만)도 알아보고, 이쑤시개만큼 가는 척수도 알아보고, 갈비뼈와 골반과 다리, 발, 팔, 심지어 손가락 다섯 개도 알아본다. 엄지, 검지, 중지, 약지, 새끼손가락. 다 있다. 심장이 강철이 아니라면, 그리고 이 기적을 벌써 수천 번이나 보았을 의사가 아니라면 감동을 하지 않기란 불가능하고, 당연히 나는 울기 시작한다.(58쪽 '눈물' 참고)

첫째, 미래의 아이(과거의 맹아, 지금의 태아)를 (솔직히 말하면 본성도, 뚜렷한 개별적 용모도 알아볼 수 없었지만) 처음으로 그렇게 자세히 볼 수 있다는 게 너무 기뻤다. 둘째, 살짝 슬펐기 때문이다.

가끔 고동치는 심장이 보이기는 했지만, 이제 곧 좌우 두 개골이 될 두 개의 작은 솜덩이와 의사가 신장이라고 주장한 두 개의 그림자를 알아보기는 했지만, 내 머리에 남은 아이의 인상은 해골의 그것과 다를 것이 없다. 7센티미터 가량의 작은 뼈. 아이가 손을 얼굴로 가져갈 때도 마치 죽음이 우리를 조롱하는 것만 같다. 이 생성 중인 작은 인간에게서 목격한 처음의 것은 동시에 그것으로부터 남게 될 가장 마지막의 것이라고 죽음이 우리에게 말하려는 것 같다. 루마니아 철학자 에밀 시오랑Emil Cioran은 견줄 바 없는 허무를 담아 이렇게 말했다.

"인간은 삶과 죽음을 잇는 가장 짧은 길이다."

♀ 나는 전혀 이런 연상을 떠올리지 않았다. 오히려 한나 아렌트의 말에 동의할 수밖에 없다. 생성 중인 생명은 새 시작의 신호나. 나에게는 모니터에서 보였던 그 작은 존재가 순수한 시작이었다. 반대로 플로리안은 우리 작은 아들을 보고 곧장 죽음을 떠올렸고, 그 모습을 본 나는 마르틴 하이데거를 떠올렸다. 하이데거는 삶을 "죽음을 향해 앞장서 달리는 것"이라고 생각했다. 삶을

바라보는 남녀의 관점 차이일까? 여자는 삶을 시작에서부터 생각하고 남자는 끝에서부터 생각하는 것일까? 적어도 플로리안의 인식에서는 죽음이 도드라지게 현존하고 이 책에서도 그는 계속해서 죽음을 주제로 삼는다.(82쪽 '묵시록에 맞서다', 160쪽 '묻지도 않고', 122쪽 '기원', 228쪽 '꽃이 피다' 참고)

우리가 배 속에 있는 아이를 거론할 때 무척추동물의 이름을 애칭으로 쓰는 것도 어쩌면 우연이 아닐지 모른다. 가령 '애벌레'는 순수한 살성을 강조하고 뼈대를 무시하는 애칭에 속한다.(182쪽 '애칭' 참고) 나는 우리 애벌레에게 좋은 것만 바란다. 나는 우리 애벌레가 건강하게 태어나서 행복하게 살기를, 튼튼한 뼈로 아프지 않고 오래오래 살기를 바란다. 하지만 그 앙증맞은 갈비뼈를 보는 순간 모든 시작은 언젠가 끝을 불러온다는 생각을 쫓아버릴 수가 없다. 프리드리히 니체가 썼듯 '생성'은 '과거'를 끌고 다니는 것이다.

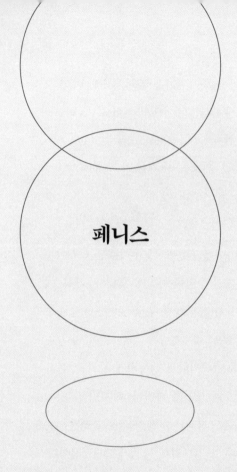

페니스

이제 내 안에서 페니스가 자란다.
아들, 아들이다!

♀   "아들이냐 딸이냐, 의심할 여지가 없습니다. 여기를 잘 봐요"

의사인 J씨가 작고 하얀 플라스틱 막대로 젤을 바른 내 배를 훑으며 말했다.

"보이세요?"

플로리안과 나는 긴장해서 맞은편 벽에 있는 큰 모니터를 쳐다봤다. 거기에 우리 아이일 것이 분명한 작은 점이 반짝였다. 작고 하얀 원이 문제의 지점에 접근하자 우리는 의사의 말이 무슨 의미인지 눈치를 챘다. "저게 페니스인가요?"라고 물으려는 찰나 화살표가 나타나고 화살표 끝이 곧장 그것을 가리키는 순간 '남자'라는 또렷한 메시지가 떴다. 멍청이들을 위해 다시 한번 말해주지! J씨가 우리에게 그런 말을 하려는 것 같았다. 플로리안이 잡은 손에 힘을 주고 나도 따라 힘을 주었다. 아들이다!

♂ 솔직히 말하면 처음에는 충격이었다.(아마 스베냐의 손을 꼭 잡

은 이유도 그 때문일 것이다.) 몰래(지금 이 순간까지 절대 그 생각을 인정하고 싶지 않을 정도로 몰래) 또 딸이기를 바랐기 때문이다. 친구 J 생각이 났다. 그는 7년 전에 배 속의 아이가 아들이라는 말을 듣고 충격에 빠져 나한테 물었다.

"기저귀 가는데 애가 갑자기 제 고추를 가지고 놀면 어쩌지?"

맞다. 아들을 떠올리면 (더구나 자기 성을 물려주는 일에 큰 관심이 없다면) 아빠들은 머리가 복잡해진다.(94쪽 '남성의 무력함' 참고)

한 가지 걱정은 아이가 나하고 똑같아서 내 문제들을 반복하면서 내 유년기와 청소년기를 내게 되비춰줄 수도 있다는 것이다. 그건 절대로 안 된다. 또 다른 걱정은 나와 완전히 달라서 덜 복잡하고 더 남자다우며, 기저귀 갈 때부터 제 고추를 쭉쭉 잡아당기다가 나중에 커서 지하철에서 쩍벌남이 될 수도 있다는 것이다. 그것도 안 좋기는 마찬가지다.

실제로 나는 몇 주 후 정말 프로이트 이론의 교과서 같은 악몽을 꾸었다. 내가 남근상으로 우리 아들을 찔러 죽이는 꿈이었다. 그러나 그사이 나는 가벼운 마음으로 말할 수 있게 되었다. 우리 아들은 누가 봐도 제3의 길을 걷고 있다고. 아들은 나를 닮았지만 완전히 다르다.(그리고 가끔 기저귀를 갈 때 제 고추를 가지고 논다.)

여자 친구 중에 S가 있는데, 그녀는 내 배 속의 아이가 아들이라는 사실을 듣자 비명을 지르며 나를 꼭 끌어안았다. 그리고 딸과 아들을 둘 다 가졌으니 그보다 더 좋은 일은 없을 것이라며 기쁘다고 말했다.

내가 아는 그녀는 세상에서 가장 정직한 인간 중 하나이지만 나는 그녀의 기쁨을 온전히 이해하지 못한다. S는 여자아이 팬이다. 남자아이들은 (그녀도 아들이 하나 있다.) 멍청하고 폐쇄적이며 둔하다고 주장한다. 또 남자아이들은 주변 세상에 완전히 눈과 귀를 닫고 산다고 주장한다. 여자아이들은 반대로 개방적이고 창의적이고 신중하며 잘 돕고 배려심이 크고 똑똑하고, 어쨌거나 더 나은 인간이다.

그런 입장은 S가 유일한 케이스가 아니다. 여자 친구 U도 나더러 칼싸움과 축구와 자동차 경주에 적응해야겠다고 말하며 눈알을 굴렸다.(234쪽 '수송 수단' 참고) 또 다른 지인 B는 애써 중립적인 태도를 유지하며 아들을 키우는 건 완전히 다른 세상이라고 말했다. A는 자기는 아들을 일부러 여자아이들하고 같이 놀게 한다고 말했다. 그렇게 했더니 훨씬 부드럽고 공감 능력도 좋아졌다고.

나는 이런 관점 변화가 너무나 흥미진진하다. 지그문트 프로이트가 여자들에게는 명백한 '페니스 선망'이 있다고 주장하던 것이 사실 그리 오래전 일이 아니니까 말이다.

프로이트는 〈여성성〉이라는 주제로 가진 강연에서 여자아이들도 거세 콤플렉스를 느끼지만 그 양상은 정반대라고 주장했다. 남자아이들은 여자의 성기를 보면 자기 것을 잃을까 봐 겁을 내지만, 여자아이들은 페니스를 보면 너무 감동해서 자신이 '심각한 손상을 입었다'고 느끼고 자기도 '그런 것을 갖고 싶다'는 소망을 털어놓게 된다는 것이다. 프로이트는 페니스에 대한 선망이 여성의 성격에 깊은 흔적을 남긴다고 했다. "여성의 영혼에 담긴 질투와 시기"는 오직 이 뿌리에서 나온 것이며, 지적인 직업을 택하는 것조차도 "이런 억압된 소망의 승화된 보상으로 인식될 수 있다."고 해석했다.

프로이트는 여성의 위치에 알맞은 다른 형태의 위안이 있다고 말했다. 자식에 대한 소망이 선망하는 신체에 대한 갈망을 대신한다는 것이다. 그에 따르면 자식은 페니스의 "상징적 등가물"이다. 따라서 여성은 "자식에 대한 소망이 훗날 실제로 이루어질 때, 특히 그 아이가 갈망하던 페니스를 가진 사내아이일 경우" 큰 행복을 느낀다고 한다.

"아들과의 관계만이 어머니에게 무한한 만족을 선사한다. 그것은 모든 인간관계를 통틀어 가장 완벽하고 가장 양립 감정이 없는 관계다."

프로이트가 이 문장을 쓴 해는 1933년이다. 정신분석의 여성성 이론에 대한 나의 의심은 매우 크지만 우리 딸 역시 자기 몸에서 조만간 페니스가 자랄 것이라 굳게 믿었던 시기가 있었다. 어린이집 남자 선생님이 동성애자였는데 여자도 서서 오줌을 눌 수 있다고 말했다고 한다. 그 말을 듣고 아이는 집에 와서 우리에게 자신의 재주를 당당하게 시연했다.

나도 사내아이가 되고 싶었던 시절이 있었다. 사춘기가 되어서도 그랬다. 남자다운 남자애들과 우열을 다투는 게 제일 좋았다. 그래서 같이 축구를 하고 경기가 끝나면 웃통을 홀렁 벗어젖히는 그들을 부러운 시선으로 힐끔거렸다. 지금 나는 지적인 일을 하는 사람이다.

초음파실을 나왔을 때 처음 든 생각은 이랬다. 이제 내 안에서 페니스가 자란다. 아들, 아들이다!

쿠겔멘쉬

지금 내 안에서 두 개의 심장이 뛰고 있다.

♀   다들 알고 있다시피 한 인간이 행복하다고 말할
수 있는 때는 많지 않다.

"정말이지 좋아."

"지금 이 순간이 최고로 행복해."

"정말 완벽해."

이렇게 말할 수 있는 시간이 얼마나 되겠는가? 보통의 상
황에서는 도무지 완벽하지가 않다. 일은 힘들고, 포도주에는
코르크 찌꺼기가 빠지고, 우리 모두는 언젠가 죽을 것이고, 태
양은 먼 미래의 어느 날 폭발할 것이고, 지구는 불에 타서 우주
의 먼지로 사라질 것이다.

하지만 나는 지금 전혀 다른 상황에 있다. 임신 7개월째다.
배는 자꾸만 불러와서 지구처럼 둥글둥글하다.(144쪽 '그로테스
크한 몸' 참고)

입은 달고 잠은 꿀맛이다. 나도, 주변 사람들도 다 좋아 보
인다. 예전 같으면 짜증을 부리고 스트레스를 받고 화를 낼 일
도 너그럽게 미소로 받아들이며 별로 중요하지 않다고 생각한

다. 마음이 평화롭다. 한없이 태평하다. 그러면서도 에너지가 불끈 솟구친다.

이상할 것도 없다. 어쨌든 내 안에서 지금 두 개의 심장이 뛰고 있으니까. 아이디어가 샘솟고 모든 일을 가뿐하게 해내며 세상이 낯설지 않고 내 안 저 깊은 곳에 세계를 담고 있는 것 같다. 플라톤의 유명한 저서 《향연》에서 희극작가 아리스토파네스가 말했던 그 행복의 상태로 돌아간 것만 같다. 바로 '쿠겔멘쉬'의 상태인 것이다.

배부르게 먹고 거나하게 취한 아리스토파네스는 이렇게 말했다. "모든 인간의 온전한 형상은 등과 옆구리가 붙은" 공 모양이었다고.

"손은 네 개이고, 발도 네 개이며, 똑같이 생긴 두 얼굴이 둥근 목에 붙어 반대편을 보고 있지만 머리통은 하나입니다. 귀는 네 개이고, 성기도 두 개입니다."

쿠겔멘쉬는 이중 인간이었다. 자기만 있으면 되는 존재, 스스로 만족하여 초인적인 힘을 발휘하는 존재였다. 반쪽이 둘 다 남성인 경우도 있었고, 둘 다 여성인 경우도 있었으며, 남녀가 붙어 있는 경우도 있었다.

"그리하여 이런 성질에 따라 세 가지 성이 있었습니다. 남성의 경우 원래 태양에서 태어났고, 여성의 경우 땅에서 태어났으며, 양성의 경우 달에서 왔기 때문입니다. 양성은 땅과 태양, 그 둘의 특성을 모두 가진 존재이기도 하지요. 쿠겔멘쉬는 자기 부모와 비슷하게 생김새도 둥글고 걸을 때도 공 모양으로 굴러갔습니다."

쿠겔멘쉬는 둥글고 튼튼하기도 하지만 무엇보다 힘이 셌다. 그 힘에 대해 작가는 이렇게 말했다.

"심지어 힘이 신들에 버금갔지요. (⋯⋯) 그들은 신들과 맞서려고 하늘로 가는 길을 닦기 시작했습니다."

이쯤이면 다들 이미 끝을 예상할 수 있을 것이다. 쿠겔멘쉬가 오래 살지 못하리라는 것을 말이다. 완벽한 행복은 끝이 있고, 끝이 있어야 한다.

어쨌든 아리스토파네스가 그 신화를 들려준 이유는 욕망이 어떻게 탄생하였는지를 설명하기 위해서였다. 압박감을 느낀 제우스는 나머지 신들과 함께 쿠겔멘쉬를 저지할 방도를 의논했다. 오랜 고민 끝에 제우스가 멋진 아이디어를 떠올렸다. 둘을 갈라 힘을 약화시키자는 것이었다.

"말한 대로 되었지요. 제우스는 야생 딸기를 반으로 잘라 절임을 만들듯, 계란을 머리카락으로 자르듯 인간을 반쪽으로 잘라버렸습니다. 그리고 자를 때마다 아폴론에게 얼굴과 목을 잘린 쪽으로 돌리라고 지시했습니다. 그래야 인간이 잘렸다는 사실을 알고 공손해질 것이라고 말입니다."

아폴론은 제우스가 시킨 대로 인간의 얼굴과 목을 잘린 방향으로 돌렸다.

"사방의 피부를 지금 우리가 배라고 부르는 곳으로 끌어모아 그 배의 중앙에서 주머니처럼 당겨 묶었는데, 그때 묶은 구멍을 지금 우리는 배꼽이라고 부릅니다."

그러니까 배꼽은 분리의 증거다. 쿠겔멘쉬는 지금도 현존하고 있다. 나와 내 아이. 나의 쿠겔멘쉬도 기한이 있어서 이제 몇 달밖에 안 남았다. 몇 달 뒤면 나와 아이를 이은 탯줄이 잘릴 것이다. 돌이킬 수 없이.(34쪽 '탯줄 자르기' 참고)

그러고 나면 너무나 잘 아는 결핍감이 밀려올 것이고, 우리는 항상 다른 곳에 행복이 있다고 망상할 것이다. 제우스가 반으로 잘라 완전함을 빼앗긴 존재처럼 잃어버린 반쪽을 찾아 이곳저곳을 헤매고 다닐 것이고, 찾는 그날까지 한시도 쉬지 못할 것이다.

아리스토파네스는 이런 방식으로 인간은 '사랑'을 '타고난다'고 결론 내렸다.

"따라서 모두가 쉬지 않고 자신에게 맞는 짝을 찾아 헤매는 것입니다."

슬프시만 아름답기도 한 이야기다. 자기 안에서 솟구치는 욕망이 없다면 어떻게 타인에게 다가간단 말인가? 혼자서도 만족하고 행복하다면 무엇하러 타인을 찾겠는가?

이런 생각으로 스스로를 위로하며 나는 사랑이 가득한 손길로 나의 둥근 배를 쓰다듬고 잠시 깜빡 잠이 든다. 나는 아직 세상을 기다릴 수 있다.

그로테스크한
몸

그로테스크한 몸은 항상 태어나는 중이고,
스스로 또 하나의 몸을 생산한다.

♂ (적어도 우리 집에서는) 규칙적으로 내 귀에 들려오는 특별한 주문이 있다.

"임신한 여성의 몸은 아름답다!"

이 주문을 좀 더 구체적으로 풀자면 이렇다. 임신한 여성의 몸은 아름다운 수준에서 그치지 않고 누가 봐도 탐이 난다! 아이를 낳아보지 않은 사람은 평생 가져보지 못할 것이고 그 몸을 가진 여성 역시도 그전에는 단 한 번도 갖지 못했고 (또 임신할 것이 아니라면) 앞으로도 두 번 다시 가지지 못할 매력과 기품을 갖추었기 때문이다!

솔직히 말하겠다. 스베냐에게 강한 반박을 당하고, 친구와 지인들에게 경멸을 당하고, 안락한 이 집에서 쫓겨날 위험이 있겠지만, 그건 말도 안 되는 소리다.

임신부의 몸은 있는 그대로 말하자면 그로테스크grotesque하다. 우리가 임신부의 몸을 보고 폭소를 터트리지 않는 것은 무엇보다도 살아남기 위해 배운 요령과 사회의 암묵적 합의 때문이라고 생각한다.

임신부의 몸을 깎아내리는 것이 아니다. 내가 말한 그로테스크는 러시아 문예학자 미하일 바흐친Michail Bachtin이 1940년에 발표한 박사학위 논문에서 개진했던 '그로테스크한 몸'의 의미와 같다.

미하일 바흐친은 근대의 몸에 대해 이렇게 말했다.

"(근대의 몸은) 주변 세계와 (……) 거리를 둔 채 그 자체로 완전하고 완벽하다."

그러나 현대인은 어떤가? 점점 더 주변 세계와 담을 쌓고 자기 몸의 경계를 주시하며, 그 경계의 불가침성과 보존에 열을 올린다. 현대인은 피부를 근대 이전의 체액 이론(122쪽 '기원' 참고)과 달리 뚫고 들어갈 수 있는 기관으로 이해하지 않는다. 피부는 해로운 물질이 몸 안으로 들어가거나 몸 밖으로 빠져나올 수 있는 투과 기관이 아니라 자신과 세계를 가로막는 일종의 보호막 역할만 할 뿐이다. 아울러 항문이나 음문 같은 구멍에 대해서는 몸의 완전함과 폐쇄성을 방해하기에 외설스럽다고 생각한다.

현대인은 그것으로도 모자라 이 고광택의 몸을 경보 장치, 사설 보안 서비스, 철조망까지 동원해 철통같이 지키고 있다. 혹시라도 자신의 '외부인 출입제한 주택지gated community'를 벗어날 일이 있으면 일반 대중교통보다는 화성 탐사를 목적으로 만든 것 같은 높다란 철갑 차에 올라 창문을 단단히 걸어 잠근 채 도로를 달린다.

　이런 추세는 앞으로 더 심해졌으면 심해졌지 절대 약해질 것 같지는 않다는 생각이 든다.

　중세의 그로테스크한 몸은 전혀 달랐다. 미하일 바흐친의 표현을 빌리자면 다음과 같다.

　"생성 중인 몸이다. 결코 완성되거나 완결되지 않으며, 항상 태어나는 중이고, 항상 스스로 또 하나의 몸을 생산한다. 그 몸은 세계를 삼키고, 세계에게 먹힌다."

　바흐친의 그로테스크한 몸의 논리는 "빈틈없고 균형이 잘 잡힌 매끈한 (표)면"을 무시하고 "자신의 돌출과 구멍에만 집중한다."는 것이다.

　"(그로데스크한 몸은) 몸의 경계를 넘어서며 자신의 내면으로 향하는 것에만 집중한다. 산과 계곡이, 건축학적으로 본다면 탑과 지하 감옥이 그로테스한 몸의 부조를 만든다."

　이 말은 중세의 인간과 그들의 민속적 후계자들(엄청나게 큰 배, 코, 가슴, 남근을 매단 사육제 가장행렬 참가자들)에게만 해당되는 것이 아니라 임신부의 몸에도 해당이 된다.

　자꾸만 불러오는 임신부의 배는 쿠션으로 속을 채워 불룩한 모양을 한 서커스 광대의 배를 떠오르게 한다. 가슴도 무한히 부풀어 올라서 아무리 커도 만족을 모른다는 남자들조차 겁에 질릴 정도다. 우디 앨런의 영화팬이라면 〈당신이 섹스에 관

147

해 알고 싶었던 모든 것 Everything You Always Wanted to Know About Sex〉의 그 괴물 같은 가슴을 떠올릴지도 모르겠다.

배꼽은 볼록 솟아오르고 가능한 신체 조직은 물론이고 불가능한 조직 부위까지도 부풀어 올라서 매일 보던 아내의 몸이 생판 낯선 여자의 몸처럼 보여지기도 한다. 그러다 마침내 그 몸이 열리는 순간 바흐친의 말대로 '또 하나의 신체'가 '생산'될 것이다.

사건은 너무나 숭고하고 결과는 너무나 사랑스럽지만, 아무리 그래도 임신부의 몸은 무척이나 그로테스크하고 외계인 같아서, 그 모습을 보고 있노라면 초현실주의 화가였던 히에로니무스 보스Hieronymus Bosch에서 에얼리언을 디자인했던 한스 루돌프 기거Hans Rudolf Giger에 이르기까지, 그 수많은 '지옥도'들도 도무지 상대가 안 될 정도다.

조금 더 얌전하게 표현하자면, 임신부의 몸은 (더 나아가 산모의 몸은) 폐쇄성과 완성, 형태미를 생각하는 우리 현대인에게 더할 수 없는 도전장을 내민다. 사실 그것은 문화사의 잔재요, 오랜 과거의 유물이다.

중세 시요제 참기지처럼 괴도히게 부푼 임신부의 몸은 우리가 몸담은 포스트모던의 표면 세계를 손가락으로 가리킨다. 구체적으로는 그 한가운데에서 항공 재킷을 입고 검은 선글라스를 끼고 SUV를 몰면서 유리와 철과 소리의 방패 뒤에 몸을 숨기고서 외부 세계와 담을 쌓은 우둔한 운전자를 가리킨다.

　그리고 그렇게 다시 본다면 임신부의 몸은 정말로 아름답기가 그지없다.

자궁구

자궁구는 말할 수 있어야 한다. 기탄없이!

♀　　　　　　임신 8개월째. 산부인과 진료 침대에 누운 내 눈을 산부인과 여의사가 빤히 쳐다본다. 몇 초가 흐르고 나는 긴장하여 그녀의 시선에서 나의 자궁구가 어떤 상태인지를 읽어내려 애쓴다.

잘 닫혀 있나? 불안한 상태인가? 자궁구가 열릴 수도 있다는 불안은 근거가 없지 않다. 지난 몇 주 동안 일이 너무 힘들었고 아이가 지금 엄청난 힘으로 아래를 압박하고 있기 때문이다. 더구나 저번에 방문하여 초음파 촬영을 할 때 의사는 살짝 경고의 메시지를 담아 말했다.

"압박이 너무 세네요. 잊지 마세요. 당신은 조산 경험이 있으시잖아요."

실제로 나는 첫아이를 6주 일찍 낳았다. 34주째에 양수가 터졌다.(46쪽 '모성애' 참고)

자궁구… 참 야릇한 말이다. 그 단어에 주의를 기울여본 적이 있을지 모르겠다. 그 단어가 의미하는 기관과 관련된 모든 것을 한번 살펴보자. 여자들에게는 엄격히 말해 두 개의 입이 있다. 위에 있어 온 세상이 다 볼 수 있는 입과 저 아래 숨어 있어서 아무도 볼 수 없는 입.

아래의 입, 즉 자궁구는 자궁경부cervix uteri의 위아래와 연결되어 있다. 자궁경부는 질로 가는 입구다. 아이를 낳은 여성의 경우 그 구멍이 길쭉하여 미소를 짓거나 히죽 웃는 모양이지만, 아이가 한 번도 빠져나간 적이 없는 입의 모양은 동그란 모양이다. 임신 기간 동안 아무 탈이 없으면 자궁구는 출산 직전까지 입을 꽉 다물고 한 마디도 하지 않는다. 진통이 시작되어야 비로소 입을 열고 말을 쏟아낸다. 참으로 과묵한 기관이 아닐 수 없다.

그러나 프랑스 철학자 드니 디드로Denis Diderot가 쓴 소설 《입 싼 보석들》은 정반대로 서술하고 있다. 여기에서 거침없이 떠들어대는 '보석'이란 다들 짐작했겠지만… 바로 아래의 입이다.

소설 내용을 간략하게 요약하면 이렇다. 망고귈Mangogul이라는 이름의 술탄이 오래 사랑하던 애첩 미르조나에게 싫증이 나서 마법사 쿠쿠파에게 하소연을 늘어놓는다.

"뭐 좀 재미난 일이 없는가?"

마법사는 당연히 있다고 대답한다.

"이 반지를 보세요. 이걸 폐하의 손가락에 끼십시오. 여기 반지에 붙은 보석을 한 여인이 있는 쪽으로 돌리시면 그 여인이 폐하에게 큰 소리로 또렷하게 다 알아들을 수 있게 자신의 모험담을 들려드릴 것입니다. 하지만 입으로 말할 것이라 생각하지는 마십시오."

"입으로 말을 안 하면 무엇으로 말을 한단 말인가?"

술탄이 소리쳤다.

"그 여인에게서 가장 솔직한 부위, 폐하께서 알고 싶으신 일들을 가장 잘 털어놓을 부위, 그녀의 보석으로 말을 할 것입니다."

쿠쿠파가 대답했다.

"그녀의 보석이라!"

술탄이 외치며 파안대소를 했다.

"보석이 말을 한다? 처음 듣는 말이군."

그때부터 처음 듣는 요상한 이야기들이 곳곳에서 들려왔다. 술탄이 반지의 보석을 어떤 여성 쪽으로 향하게 하면 그녀의 "치마 밑에서 중얼거림"이 시작되었다. 누군가 마개를 뽑은 것처럼 수많은 말들이 구멍에서 솟구쳐 나와서 어떻게 해도 멈출 수가 없었다. 그래서 술탄의 곁을 지키는 한 여인은 이렇게 한탄했다.

"보석이 수다를 떨면 곤란한 일도 생기는 법이지요. 그때부터는 둘 중 하나입니다. 찬사를 포기하거나 욕먹을 각오를 하거나."

달리 말하면 이제 더 이상 에로틱한 비밀은 없다는 뜻이다. 지금부터는 "섹스의 진리"(푸코)가 지배하는 것이다. 당연히 여성들은 자신의 성기가 늘어놓는 수다를 듣고 싶지 않을 것이다. 자궁구가 열리면 화가 닥치리라!

♂ 행실 나쁜 마초 남성의 혀라면 이렇게 주장할 것이다. 세상을 향한 위쪽의 입도 마찬가지라고. 마리오 바르트Mario Barth(독일의 코미디언.《남자들은 절대 모르는 여자의 언어》를 썼다. ─옮긴이)가 디드로의 소설을 읽어봤을까?

그리고 바로 이 지점이 디드로의 재미난 소설과 나의 별로 재미없는 산부인과 진료가 연결되는 순간이다. 다행히 의사는 희망의 소식을 전했다.

"걱정하지 마세요. 자궁구가 아직 꽉 닫혀 있습니다."

나는 그녀의 말에 비로소 안도의 한숨을 내쉬었다. 그럼에도 의사는 몸조심을 할 것이며, 부담을 줄일 수 있는 방법을 고민하고 지금 마음을 힘들게 하는 것이 무엇인지 생각해보라는 조언을 남겼다.

나를 힘들게 하는 것이 정말 일뿐일까? 다른 힘든 일이 있는 건 아닐까?

집으로 돌아오는 길에 마음의 소리에 귀를 기울여보았다. 아무 소리도 안 들렸다. 아쉽게도 내게는 말을 건네는 보석이 없었다. 그렇다면 온 세상이 볼 수 있는 나의 입을 믿고 플로리안과 저녁 약속을 잡는 수밖에. 어쩌면 그 순간 뭔가가 튀어나올지도 모른다.

자궁구는 말할 수 있어야 한다. 기탄없이!

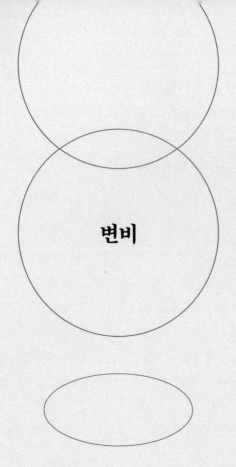

변비

출산을 변비 따위와 비교하다니!

♂   25년 전의 일이지만 아직도 생생하다. 칼스루에 시의 대체복무병 교육 시간이었다. 우리는 여러 기관으로 파견되어 다양한 일을 맡을 예정이었고, 나는 양로원으로 배정이 되었으므로 임신부를 마주칠 가능성은 매우 낮았다. 그러나 교육 시간인지라 기본적인 내용도 배워야 했고, 그중에는 출산도 포함되어 있었다.

산모가 출산 시 어떤 기분일지 아느냐고 교육관이 물었다. 어떤 고통을 느끼는지 아느냐고. 스무 명 남짓의 교육생들이 하나같이 어깨를 으쓱하며 난감한 표정을 지었다. 어떻게 알 것이며, 또 알아서 무엇에 쓸 것인가? 갑자기 내 옆에 앉아 있던 청년이 크게 대답했다.

"출산은 변비 똥 쌀 때처럼 아픕니다."

아. 으흠. 난감한 침묵이 흘렀다. 그날 이후 나는 변비가 올 때마다 자동적으로 출산 과정을 떠올리게 되었다.

교육관은 그 대답을 썩 마음에 들어 하지 않았다. 세월이 흐르고 나서야 나는 깨달았다. 그 청년의 대답이 오랜 전통의 산물이라는 것을 말이다. 이미 언급한(이 책에서 여러 번 등장한) 현대 정신분석의 창시자 지그문트 프로이트를 믿고 있다면, 원래 모든 인간들이 여자는 아이와 똥을 한 곳의 출구로 배출한다고 생각할 것이기 때문이다.

"아이는 배설물처럼, 배변처럼 배설되어야 한다. 처음부터 아이들은 출산이 장을 거쳐 이루어지며, 따라서 아이는 똥처럼 밖으로 나온다는 사실에 동의한다."

놀랍게도 우리는 순수문학에서 이런 소위 배설 이론을 자주 만날 수 있다. 사뮈엘 베케트Samuel Beckett의 소설 《몰로이 Molloy》에서 화자는 자기 어머니를 "제대로 기억을 한다면 엉덩이 구멍으로 내게 생명을 준 여자"라고 거칠게 표현한다. 미국 작가 데이비드 포스터 월리스David Foster Wallace의 《고통의 배수로》에서는 한 젊은 여성이 (반대로) 자기 똥에게 느끼는 모성애를 고백한다.

"너희는 너희 똥을 모자 씌우고 젖병 들려서 유모차에 태우고 가는 상상을 한 적 없어? 오늘도 화장실에 갈 때마다 똥을 바라보며 사라지는 그것에게 '안녕!' 하고 인사를 하고 나면 마음이 텅 빈 것 같지 않아?"(그녀의 말을 들은 사람들의 반응은 당시 우리가 그 청년의 말을 들었을 때와 비슷하게 황당함 그 자체다.)

처음으로 출산을 옆에서 지켜보며 칼에 찔린 짐승처럼 울부짖는 아내의 비명을 들은 이후 나는 말하지 않을 수 없다. 변비 따위와 비교하다니 어림 반 푼어치도 없다고.(28쪽 '진통' 참고) 남자들이(윌리스, 베케트, 그 청년, 나) 출산의 과정을 자꾸만 배설과 같은 일상적인 일과 비교하려는 짓은 우연이 아니다. 질과 관장기, 아이와 똥을 하나로 뭉뚱그림으로써 출산 과정을 일상적인 신체 작동의 낮은 수준으로 떨어뜨리려는 것이다. 달리 해결하거나 이해할 수 없는 일을 그런 식으로 비유하여 우스꽝스럽게 만들려는 것이다. 우리 남자들이라면 출산의 고통을 참지 못할 것이라는 두려움을 억제시키려는 것이기도 하다. 또한 그런 비유를 통해 우리가 하지 않아도 된다는 사실에 안도의 숨을 내쉴 수 있는 것이다.

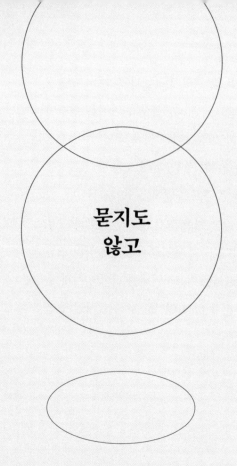

묻지도
않고

아무도 우리에게 묻지 않았다.
태어나고 싶은지, 아닌지.

♂　　　　계속 귀에 맴도는 노래가 여럿 있다. 우리 아들이 태어난 후로 규칙적으로 찾아오는 노래, 이도耳道에서 곧바로 전전두피질로 기어가서 그곳에서 몇 시간 동안 흥얼거리며 뒹구는 것 같은 그런 노래들 중 하나는 밴드 블룸펠트Blumfeld가 부른 것이다. 1994년 발표한 앨범 〈국가와 나 L'Etat Et Moi〉에 수록된 곡이다.

"아무도 우리한테 묻지 않았어. 우리가 살고 싶은지, 아닌지. 우린 아직 얼굴도 없었어."

요헨 디스텔마이어Jochen Distelmeyer가 신경질적이고도 환각적인 기타 소리에 얹어 노래를 부른다. 내 기억으로는 휘몰아치는 8/8박자의 드럼 소리도 끼어든다.

내가 문제의 그 카세트테이프를 잃어버린 지가 20년이 되어가니 그 노래는 오래전에 이미 내 기억의 퇴적층에 처박혀 있다가 솟아나왔을 것이다. 아마 그 가사에 담긴 의문이 문득 다시 관심을 끌었기 때문일 것이다.

과연 우리는 무슨 권리로 타인에게(아들과 딸에게) 삶을 강요하는가? 철학자 뤼디거 사프란스키Rüdiger Safranski의 말대로 그런 짓은 '범죄'가 아닐까? 만일 그렇다면 어떻게 해야 그 나쁜 짓을 되돌릴 수 있을까? 더 중립적으로 표현하자면, 그런 짓은 어떤 의무를 발생시키는가?

앞서 인용한 밴드 블룸펠트의 노래 가사는 프리드리히 홀랜더Friedrich Hollaender가 1931년에 발표한 유명한 샹송으로 거슬러 올라간다.

"우리가 아직 얼굴도 없을 때 아무도 우리에게 묻지 않았어. 살고 싶은지, 아닌지."

이것이 그 샹송의 첫 구절이고, 마를레네 디트리히Marlene Dietrich가 부른 버전이 아마 가장 유명할 것이다. 그러나 내가 아는 한 자식의 실존을 강제로 결정한 문제를 가장 먼저 제기한 사람은 작곡가가 아니라 음악적이지 않기로 악명이 높은 철학자 이마누엘 칸트다.

"출산의 행위를 동의도 받지 않은 채 한 인간을 출산하여 제멋대로 세상으로 데려온 행위로 보는 것은 실질적인 관점에서 볼 때 매우 올바르며 필요하기도 한 생각이다."

칸트는 《도덕의 형이상학》에서 이렇게 말했다.

그날 이후 이 주제는 여기저기에서 수없이 채택되었고 다양한 형태로 변주되었다.

"나는 어떻게 세상에 왔으며, 왜 그것에 대해 아무도 내게 묻지 않았던가?"

쇠렌 키르케고르Søren Kierkegaard는 19세기 중엽에 이렇게 한탄했다. 페터 슬로터다이크는 그로부터 다시 150년이 흐른 후 이렇게 격분하였다.

"나를 만든 이들이 나와 출산 계약을 맺었던가?"

자신의 종말은 경우에 따라 스스로 결정할 수 있지만 자신의 시작은 결코 마음대로 할 수 없다는 사실이 자기 결정을 꿈꾸는 현대의 주체를 민감하게 건드렸던 것이 분명하다.

사실은 현대뿐 아니라 언제나 그러했다. 자신의 출생은 원치 않았고 되돌릴 수도 없는 행위다. 가해자는 부모이고 피해자는 자식이다. 법에 대해서는 아는 것이 별로 없는 내 눈으로 보아도 형법상 '강요'의 구성 요건에 해당된다. 결국 당사자는 막대한 폭력에 희생되어 출생이라는 극도로 불쾌한 상태를 견디도록 강요당했으니 말이다.

그러므로 신생아의 울음은 아직 말로 표현할 수는 없지만 이런 횡포에 저항하여 큰 소리로 외치는 최초의 항의일 수 있는 것이다.

가해자는 범행을 돌이킬 수 없기에 (칸트가 냉정하게 단언했듯 그들은 자신들의 자식을 소유물처럼 부수거나 우연에만 맡길 수 없다.) 좋건 싫건 그 책임을 져야 한다. 자신의 행위로 인해 칸트의 말대로 "이제 부모의 어깨에 의무가 달라붙는" 것이다. 따라서 부모는 자신의 피해자인 자식이 "자신의 상태에 만족하도록" 힘껏 애써야 한다.

부모는 자신이 억지로 세상에 데려다놓은 존재를 먹이고 보살피고 무엇보다 교육시킬 권리와 의무가 있다.

"아이가 나중에 커서 스스로 먹고살 수 있어야 하므로 실용적으로도 그렇지만 도덕적으로도 애써야 한다. 안 그러면 아이가 타락한 죄가 부모에게 떨어질 것이기 때문이다."

달리 말하면 평생 자기 범행으로 인한 피해자를 책임지고 싶지 않다면 그 피해자가 경제적, 도덕적으로 혼자 일어서는 법을 배우도록 최선을 다해야 한다는 뜻이다. 보통 18년에서 그 이상이 걸리는 호된 벌이지만 범행의 심각성을 고려할 때 그 정도도 꼭 많다고는 할 수 없을 것이다.

아이가 자신의 상태, 즉 이 세상에 존재하는 것에 만족하려면 부모가 어떻게 해야 할까? 아이에게서 이성의 힘을 일깨워야 한다. 다시 말해 자기 결정의 능력에 불을 지펴주고 아이를 타인의 지배로부터 해방시켜야 한다.

"내가 시작되었다는 사실은 스스로 시작하는 법을 배울 때에만 견딜 수 있다."라고 뤼디거 사프란스키는 밀했다. 조금 더 부정적으로 표현하자면, 아이가 스스로 가해자(엄마나 아빠)가 될 수 있을 때에야 피해자의 숙명은 끝이 난다. 부모는 아이가 형사상 성년의 나이가 되는 그 순간에야 자신의 죄를 씻는다.

그리고 부모의 범행은 다음 세대로 이어질 것이고….

무한 반복되는 노래다. 우리 아이들 역시 언젠가 자식을 낳을 것이다. 그리고 그들 역시 그 자식들에게 미리 의견을 물어보지 않을 것이다.

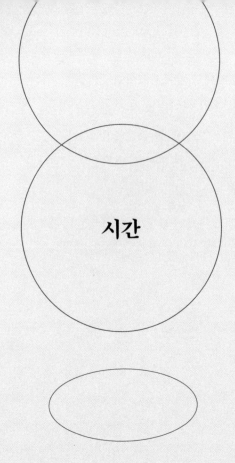

시간

아이를 보면 나의 죽음도 견딜 만해진다.

♀   오전 11시. 나는 소파에서 책을 읽으며 아기가
깨기를 기다린다. 아기가 일어나면 한 번 더 기저귀를 갈고 젖
을 먹인 다음 베를린 남서쪽 저 끝에 있는 빌머스도르프로 소
풍을 갈 생각이다. 옆에서 아기가 살짝 칭얼대지만 나는 일단
노래를 불러 생후 10주 된 우리 아들을 달랜다. 지금 우리는 급
할 것이 하나도 없다. 우리를 제외한 세상은 내 눈에 보이지 않
는 목표를 향해 미친 듯 달려가고 있지만 말이다.

어쨌거나 한 시간 후 아이를 아기 띠에 매달고서 쿠르퓌르
스텐담을 거닐면서 검은 구두에 정장을 입고 스마트폰을 귀에
대고 급한 걸음으로 내 곁을 스쳐 지나가는 사람들을 보고 있
자니 절로 그런 생각이 든다. 로리오트Loriot의 촌극 〈경마장에
서〉(1946년 코미디언 빌헬름 벤도프와 배우 프란츠 오토 크뤼거가 출연
한 촌극. 경마장에 처음 온 관중이 옆의 관중에게 쓸데없는 질문을 해서 사
람들을 웃긴다. 그는 경주 내내 "저 사람들은 어디로 가는 거요?"라고 묻는
다.─옮긴이)가 떠오른다. 한 중년 신사가 말을 타고 달리는 기
수들의 꽁무니에 대고 소리를 지른다.

"어디로 가는 거요? 어디로 가는 거요?"

물론 저 사람들은 모두 약속과 일정과 마감이 잡혀 있을 것이다. 하지만 저들의 걸음을 재촉하는 이유가 정말로 그것뿐인 것일까? 몇 달 전만 해도 나 역시 멋진 구두를 신고 외부의 압력만으로는 다 설명할 수 없는 속도로 저렇게 뛰다시피 걸었다.

철학자 한스 블루멘베르크Hans Blumenberg는《삶의 시간과 세계의 시간》에서 우리 현대인들이 이렇듯 속도를 내며 달려가는 데에는 보다 심오한 이유가 있다고 주장한다. 우리의 속도는 우주와 비교할 때 턱없이 적은 자신의 수명과 긴밀한 관련이 있다. 우주의 시간에 비한다면 인간의 수명은 정말이지 헛되고 무상하다. 현대인은 "자신이 죽어야 한다는 그 한 가지 한계만 빼면 가능성의 한계가 없는 듯한 세계"에서 산다. 새로운 인식이 등장할 때마다 가능성(자연의 지배, 가속화, 향락)도 늘어나지만 동시에 수십억 년에 이르는 지구 역사에서 개인이 맡았던 보잘것없는 역할도 더 뚜렷하게 다가온다.

그 결과 "점점 더 많은 가능성과 바람을 성취할 시간은 줄어든다."고 본다. 그 얼마 안 되는 삶의 시간 동안 최대한 많은 바람을 이루기 위해서는 서두를 수밖에 없다. 그러나 다른 모든 바람을 뛰어넘고 그 모든 바람을 관통하는 한 가지 바람이 있다. 세상이 자신의 삶을 타넘고 가지 않기를 바라는 마음이다. "촉박한 시간이 악의 뿌리다."라고 블루멘베르크는 말한다.

자신이 죽은 후에도 세상이 아무 일 없다는 듯 잘 돌아가는 것을 참을 수 없다는 의미다. 내가 죽으면 다른 것도 다 죽어야 마땅하다. 자기애성 인격장애 환자의 묵시론적 망상이겠지만 실제로 가속화와 기후 변화는 동전의 양면이다. 우리가 삶의 속도를 높일수록 세상은 더 결연하게 인간에 의한 빅뱅을 추구할 테니 말이다.(82쪽 '묵시록에 맞서다' 참고)

그러나 지금 예외적으로 나 자신의 자기애는 입을 꾹 다물고 있다. 내 가슴에 매달린 이 작은 생명이 그것의 입을 틀어막는다. 지금 이 순간 베를린 동물원에서 호랑이가 탈출하여 우리에게로 달려든다면 나는 눈썹 하나 까닥하지 않고 아기를 위해 내 한 몸 희생할 것이다. 내가 대단한 영웅이어서가 아니라 자연적 충동 때문이다. 우리의 미래를 위해서는 늙은 부모보다 자손이 훨씬 더 중요하니까.

그러므로 내가 지금 삶의 속도를 늦추는 이유는 아이를 보면 자신의 죽음도 견딜 만해지고 내가 죽은 후에도 세상이 지속되기를 진심으로 바라기 때문이 아닐까? 그럴 수도 있다. 하지만 지금 내가 이렇듯 부모의 시간을 달콤하게 누리는 것 또한 그것이 유한하다는 사실을 알기 때문일 것이다. 11월부터 나는 다시 경마장으로 달려가야 한다.

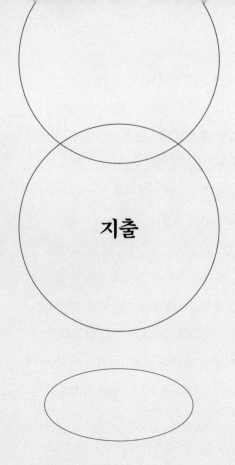

지출

우리의 지출이 언젠가 유익한 결과를
낼 것이라는 보장도 전혀 없다.

♂ 　　　가끔씩 아주 많이 고달플 때가 있다. 지금처럼 아이가 한창 이빨이 나느라 하룻밤에도 스무 번 씩 잠을 깰 때가 그렇다. 죄수의 머리카락을 빡빡 민 다음 그 머리통에 물방울을 쉬지 않고 떨어뜨려 절대로 잠들지 못하게 괴롭히는 잔인하면서도 영리한 중국의 물고문이 떠오른다. 아이는 15분 간격으로 내가 까무룩 잠에 빠져들려는 순간 여지없이 나를 깨운다. 똑, 똑, 똑, 떨어지는 물방울처럼. 그런 고단한 순간이면 나는 계산을 하기 시작한다.

　　독일 연방 통계청의 자료에 따르면 스베냐와 나 사이에 누워서 이리저리 뒤척이는 저 작은 존재는 한 달에 584유로를 쓴다. 성년이 될 때까지 계산해보면 무려 13만 유로다. 하지만 그 돈은 소위 소비지출, 그러니까 옷, 우유, 기저귀 등을 사는 데 드는 경상비에 불과하다. 내 서재로 쓰던 방을 아이 방으로 개조하고(그런데 봐라. 지금 그 아이는 제 방을 두고 안방 침대에 누워 있다.) 아기 침대와 고가의 매트리스를 장만하고(그 침대를 두고 지금 우리 침대에 누워 있다.) 유아용 슬리핑백, 유모차, 자전거 트레

일러, 차양 달린 아기 바구니, 그림책과 아기 교육에 좋다는 나무 장난감 몇 개가 놓인 책장을 사는 데 드는 비용은 전혀 포함되지 않았다.

다음 주부터 아들을 보낼 어린이집 비용, 우리 딸의 방과후 교실 수업비, 아이들이 사달라고 졸라서 샀지만 금방 흥미를 잃어버려서 결국 부모가 먹이고 보살펴야 하는 햄스터, 기니피그, 다른 애완동물의 구입비 역시 포함되지 않았다. 축구 교실, 피아노 학원, 기타 학원, 승마 교실, 영어 학원, 아기 수영 교실, 창의력 댄스, 줌바, 요가, 필라테스 회비도 빠졌고, 프리랜스 작가인 내가 육아를 하느라 일하지 못한 시간 비용 역시 전혀 계산에 들어가지 않았다.

물론 우리는 자녀 수당을 받는다. 하지만 앞서 소개한 물고문의 물방울처럼 뜨거운 이마에 똑똑 떨어지는 한 방울의 물일 뿐이다. 우리 아이들을 위해 지출하고 있고 앞으로 지출하게 될 돈을 예금 상품에 투자한다면 아무리 이자가 낮은 상품이라고 해도 우리는 18년 후 콜비츠플라츠에 잔디 깔린 널찍한 지붕 테라스가 딸린 집을 한 채 장만할 수 있다. 또 그 집에 있는 열대 목재 난간에 서서 아래 놀이터에서 빽빽대는 개구쟁이들과 모래판에 앉아 땀을 찔찔 흘리는 부모들을 동정 어린 미소를 지으며 내려다볼 수 있을 것이다.

똑, 똑, 똑.

그것만이 아니다. 우리의 지출이 언젠가 유익한 결과를 낼 것이라는 보장도 전혀 없다. 결과라는 말이 경제적 측면을 의미하는 것만은 절대 아니다. 우리 아이들이 먼 미래의 어느 날 우리가 자기들을 먹이고 입히고 학교 보내느라 사용한 돈을 되돌려줄 것이라는 말이 아니다. 우리의 지출이 (문화적이건, 지적이건, 정서적이건) 어떤 형태의 자본으로 되돌아올 것이라는 확신조차 없다는 말이다.

그러니까 우리가 열심히 학원을 보낸 결과 우리 딸이 나중에 커서 유명한 피아니스트나 유명한 기수가 되어 우리의 자랑이 될 것이라는 보장이 없다. 우리 아들이 축구를 열심히 해서 아빠는 재능이 없어서(그리고 부모님이 적극적으로 밀어주지 않아서) 못다 이룬 꿈을 대신 이루어줄 것이라는 보장도 없다. 심지어 우리 아이들이 언젠가 우리의 이 모든 투자를 고마워할 것이라는 보장조차도 없다. 내가 우리 부모에게 느끼는 이 서운한 심정을 생각한다면 그럴 가능성은 극도로 낮을 것이 뻔하다.

그렇다면 우리는 대체 무엇 하러 이런 짓을 하는 것일까? 유익하다는 보장이 전혀 없는데도 왜 이런 엄청난 비용을 투자하는 것일까? 정말로 아무 이유가 없다. 다행스럽게도.

인간이 가진 기분 좋은 특성 중 하나는 아이를 낳자마자 투자 수익을 홀라당 잊어버린다는 것이다. 경제 이론과 게임 이론에서는 인간을 '호모 에코노미쿠스'라고 부른다. 인간은 행동을 할 때 항상 합목적적으로 자신의 이익을 생각하며 "최소의 투자로 최대의 효과를 바라는 존재"다. 소득을 기대할 수 없으면 지출을 하지 않고 합리적으로 수익을 거둘 수 없을 것 같으면 비용을 지출하지 않는다.

It's the economy. stupid! 문제는 경제야. 이 바보야!(빌 클린턴의 대선 후보 시절 캐치프레이즈다. 이 슬로건으로 부시를 공격해 선거에 이겼다.—옮긴이)

그러나 이런 상상의 건물은 어리석고 비합리적인 부모들의 지출을 목격하는 순간, 화가 나서 날뛰는 세 살 아이의 손에 부서지는 레고 집처럼 와르르 무너지고 만다. 진실로 합목적적으로 생각하는 인간이라면 어떻게 아이를 낳는 미친 짓을 한단 말인가?

부모들의 머리에는 자본주의의 교환 논리 대신 철학자 조르주 바타유Georges Bataille가 《경제학의 종결》에서 제기한 '비생산적 지출'의 콘셉트가 자리를 잡는다. 이 콘셉트는 "(모든 지출이 수입을 통해 상계되는) 균형 잡힌 국제수지의 경제 원칙"에 위배되며, 그럼으로써 납득하기 힘들고 추정할 수 없는 매우 독자적인 가치를 창출한다. 상실이 쾌락을 낳는 것이다.

지출은 대가가 필요치 않는 가치 그 자체가 된다. 그렇다. 지출은 교환에서 벗어남으로써 삶을 긍정하는 황홀한 특성을 띠게 된다. 달리 말해 우리 사이를 굴러다니며 돈과 밤잠을 앗아가는 이 칭얼대는 앙증맞고 예측할 수 없는 존재에게 투자를 하면 할수록 더욱더….

이런 위로가 되는 생각을 하다 보니 마침내 나도 스르르 잠이 온다.

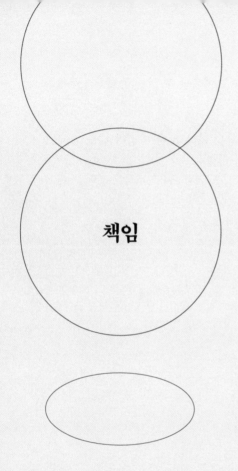

책임

스스로 선택한다는 것은
어떤 삶이 가치가 있을지 안다는 뜻이다.

♀   베스트팔렌의 시골 마을에서 베를린으로 오기 직전, 스물여섯 살의 내게는 갈망하고 기대하던 대도시의 삶이 어떤 모습일지 뚜렷한 비전이 있었다.

상상 속의 나는 역사를 자랑하는 베를린의 낡은 주택 서재의 책상 앞에 앉아 있다. 내 주변으로는 책이 산더미처럼 쌓여 있고 발치에는 강아지 한 마리가 평화롭게 엎드려 있다. 오래 곁에 두어도 참을 수 있을 유일한 생명체. 더 이상 무엇이 필요하겠는가?

나는 그물에 걸리지 않는 바람처럼 자유로울 것이다. 어린 내게 엄마가 충고했던 것처럼. 너무나도 불행했던 시절 엄마는 내게 부탁했다.

"스베냐, 앞으로 넌 절대 결혼하지 마. 그냥 혼자서 독립적으로 자유롭게 살아! 아이도 낳지 말고."(108쪽 '후회' 참고)

♂ 나는 부모님께 한 번도 그 비슷한 조언을 들어본 적이 없다. 내 젊은 시절에는 영국 뉴웨이브 가수 앤 클락이 '경고하는 어

머니'의 역할을 대신했다고 볼 수 있다. 필립 라킨의 시 〈This Be the Verse〉에 곡을 붙인 앤 클락의 노래는 지금까지도 내 머릿속에서 맴돈다. "Man hands on misery to man. / It deepens like a coastal shelf. / Get out as early as you can. / And don't have any kids yourself."

처음에는 내가 꿈꾸던 모습이 (혹은 어머니의 바람이) 실현된 듯했다. 나는 크로이츠베르크의 낡은 집에 살며 낮에는 박사 논문을 쓰고 밤이면 클럽을 전전하여 떠돌이 남자들을 집으로 데려왔다. 말하자면 발치에 엎드려 있던 강아지 대용이었던 셈이다.

♂ 재미있군. 우리의 만남이 갑자기 전혀 다르게 보이다니…. 어쨌든 나는 시간이 흐르면서 강아지에서 완벽한 인간 주체로 승격된 것 같다. 그사이 강아지 역할은 우리 아들이 대신하고 있으니 말이다.(182쪽 '애칭' 참고)

빨리감기를 하여 현재로 휘리릭 넘어오니, 어느 사이 나는 결혼을 했고 두 아이가 딸린 워킹맘이 되어 있다. 내 마음대로 쓸 수 있는 자유 시간이란 것이 거의 없다.

당시 바라던 꿈에서 그나마 이루어진 것이 있다면 낡은 집에 산다는 것과 (시간을 쪼개고 또 쪼개서 힘들여) 책을 쓴다는 것 정도다.

나는 나의 꿈을 배신했을까? 현실에 너무 순응하고 살다 보니 자유롭지 못하다는 사실조차 아예 느끼지 못하는 것은 아 닐까?

쇠렌 키르케고르의 《이것이냐 저것이냐Enten-eller》에는 나 의 행복에 대하여 훨씬 더 호의적인 다른 대답이 들어 있다. 의 무와 책임을 다하는 실존이야말로 자유로운 실존이며, 의무를 지지 않는 실존은 앞으로 나아가지 못할 것이라고 하니 말이다.

쇠렌 키르케고르는 인간의 실존을 3단계로 나눈다. 그가 '미적 단계'라고 부르는 첫 번째 실존 방식은 나의 '클럽 시기' 와 놀랄 정도로 유사하다.

그 시기에는 열정을 다해 산다. 중요한 것은 순간이요, '욕 망의 결단력'이다. '유혹자' 요하네스는 이렇게 말한다.

"나는 즐기고 싶다."

하지만 요하네스에게는 미래가 없다. 쾌락의 무한 루프는 의미 없는 반복에 불과하다. 더 많은 것을 향한 탐욕, 순수한 절망이다.

그러나 쇠렌 키르케고르가 생각하는 '자유'는 다양한 가능 성을 쟁취하는 것이 아니다. 그 다양한 가능성을 투철한 목표 의식을 갖고 '놓치는' 것이다.

"선택의 자유가 늘어난다는 것은 다시 말해 자유를 잃는다는 의미다."

가능성의 최대화를 자유와 동일시하는 우리 포스트모던 시대의 인간에게는 모순처럼 들릴지도 모를 말이다. 하지만 쇠렌 키르케고르가 하고자 한 말은 간단하게 요약할 수 있다. 자유롭고자 한다면 우선 스스로 선택을 해야 한다.

우리는 우리의 역사, 우리의 현재를 받아들이고 우리의 특성을 인정해야 하며, 우리의 자아를 우리를 구속하는 것으로, 우리를 두 번째 걸음으로 인도하여 윤리적 단계로 접어들 수 있게 도와주는 것으로 보아야 한다. 이 단계에 도달하면 이기주의를 넘어서서 우리 스스로 자신의 계획에 지속성을 부여하며 책임을 떠맡는다.

"미적으로 사는 사람은 (……) 사방에서 가능성만 보며 그 가능성들이 미래의 삶의 알맹이가 될 테지만, 윤리적으로 사는 사람은 사방에서 의무를 본다."

자아는 자유롭게 떠다니는 어떤 것이 아니라 나침반이다. 스스로 선택한다는 것은 어떤 삶이 더 가치가 있는지 안다는 뜻이다. 다시 말해 우리가 받아들인 의무가 가치 있다는 사실을 안다는 뜻이다.

그러기에 쇠렌 키르케고르가 그 무엇도 아닌 결혼을 실존적 자유를 얻을 수 있는 최고의 선택이라고 생각했던 것은 어찌 보면 당연한 결과일 것이다.

자기 선택은 타자의 선택으로 나아간다. 단호하게, 필연적으로. 영원히. 죽음이 우리를 갈라놓을 때까지.

♂ 아멘!

한마디로 요점 정리를 하자면, 참된 자유를 위해서는 우리의 선택을 제한해야 한다. 이 제한은 자유의 제한이 아니라 그 전제 조건의 제한이다. 이 이론의 유일한 결점이라고 한다면 정작 쇠렌 키르케고르 자신은 결혼을 하지 않았다는 사실이다!

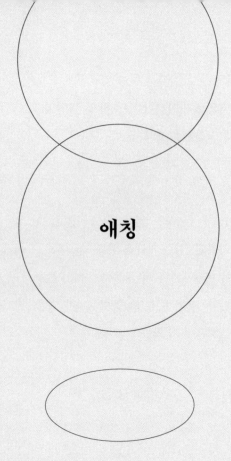

애칭

동물의 왕국이 따로 없군.

♂ 벼룩

개구리

거북이

좀벌레

쥐

아기 곰

아기원숭이

미어캣

꼬마 사자

꼬마 괴물

나무늘보

달팽이

애벌레

우리가 아들에게 붙인 애칭의 숫자는 실로 끝이 없다. 그
리고 많은 부모들이 그렇듯 대부분은 동물의 왕국에서 가져온

것이다. 한 친구는 얼마 전에 자기 아들의 첫 별명이 '애벌레호 랑이오리'였다고 말했다. 우리의 애칭은 도저히 범접할 수 없을 정도로 감동적인 동물 삼연타가 아닌가!

물론 이런 사정은 메타포 이론을 활용하면 그럴싸하게 설명을 할 수 있다. 많은 애칭들이 비교점tertium comparationis, 다시 말해서 아이와 동물이라는 두 비유 대상의 공통점에서 도출된 것이다.

예를 들어 교활한 아기 곰이 그렇다. 나무늘보나 달팽이는 느릿한 행동 때문에, 벼룩, 좀벌레, 애벌레 같은 이름은 크기가 작아서 붙은 애칭이다. 특정한 자세 때문에 붙여진 애칭도 있다. 이를테면 우리 아들이 아침마다 침대에서 일어나서 그 왕방울 눈으로 세상을 뚫어져라 쳐다볼 때는 뒷발로 서서 적이 오나 뚫어져라 살피는 미어캣과 꼭 닮았다.

그런 설명들을 빼고 나면, 우리가 사랑하는 새 가족에게 (서로 약속한 적도 없는데 무의식적으로) 온전한 인간의 지위를 (아직) 인정하지 않는다는 사실은 주목할 만하다. 우리 부부는 우리 아들을 아직 이성과 예측과 자기 인식이 불가능한 미숙하고 작은 동물로 생각하는 것이다.

실제로 신생아의 행동(하긴 어린이가 되고, 십대가 되어도, 심지어 어른이 되어서도 별다를 것이 없지만)을 보고 있으면 과연 저 작은 존재에게 인간의 특성이 있는 것인지 의심이 들 때가 한두 번

이 아니다.

아기는 이기적이다. 프로이트의 표현을 따르자면 1차적 나르시시즘이 있다. 아기는 부끄러움을 모르고, 충동을 억제할 줄 모르며, 가차 없이 관심과 힘과 애정을 요구한다. 또 배가 고프거나 잠이 오거나 목이 마르거나 피곤하거나 이빨이 새로 나거나 배가 아프거나 기분이 나쁘면 거침없이 울어젖힌다. 어느 때는 아무 이유가 없는 것 같은데도 악을 쓰며 울음을 터트리고 발버둥을 치고 그 작은 앞발, 아니 손으로 엄마, 아빠와 누나를 때린다.

그러니 "인간은 인간에게 늑대"라는 철학자 토머스 홉스Thomas Hobbes의 명제를 입증할 확실한 증거가 필요하다면 집에 있는 아기를 생각하면 가장 빨리 찾을 수 있을 것이다. 프로이트도《문화에서의 불안Das Unbehagen in der Kultur》에서 이렇게 말했다.

"인간은 기껏해야 공격을 받았을 때 방어나 할 줄 아는 온화하고 사랑에 굶주린 존재가 아니라 충동의 재능과 막대한 양의 공격적 성향까지도 계산에 넣어야 하는 존재라는 사실은 부인하고픈 현실의 한 조각이다. (……) 호모 호미니 루푸스Homo homini lupus, 인간은 인간에게 늑대다. 삶과 역사의 온갖 일들을 경험한 후라면 과연 어느 누가 용기를 내어 이 말에 토를 달겠는가?"

어른에 비하면 공격적인 기질이 적고 훨씬 다정하지만, 그래도 한 번씩 막무가내로 부리는 생떼와 트집은 아기를 사랑하는 보호자의 살에 박혀 빠지지 않는 가시이며, 프로이트의 표현대로 '생물학적 모욕'이다.

프로이트는 이 말로 찰스 다윈의 주장을 통해 세상에 널리 알려진 깨달음을 강조했다. 인간은 나머지 동물 세계와 질적으로 다른 존재(심지어 '창조의 정점')가 아니라 그저 조금 더 진화된 포유류에 불과하다는 깨달음 말이다.

태어났을 때는 털북숭이이고 자기 앞가림도 못 하는 데다가, 시간이 조금 지나면 네발로 기어 다니기는 하지만 아무 때나 바지에 똥을 싸고도 부끄러운 줄 모르고 제 성기를 잡고 놀면서 알아들을 수 없는 괴성을 질러대는 작은 인간은 바로 그 모욕적인 사실을, 까마득한 우리 인류의 조상들을 쉼 없이 상기시키는 존재다.

"자율적이고 합리적이며 계몽된 주체가 되고 싶기라도 한 거야?"

아기 침대에서 원숭이가 소리를 지르는 것만 같다.

"어림도 없지! 얼마 전까지만 해도 너희는 나랑 다를 바 없는 어리석은 새끼 동물이었어. 그러니까 우리 종의 진화 가능성은 몇백만 년 전에 이미 대부분 고갈되고 만 거야. 송곳니가 퇴화되고 뒷다리로 걸어 다니는 몇 마리 괜찮은 직비원류일 뿐 그 이상도 이하도 아닌…. 그러니 그런 한심한 존재론적 고민 따위는 접어두고 나한테 당장 먹을 것과 마실 것을 갖다줘. 그리고 우리 친척들이 사는 동물원으로 날 데려가. 나 심심하단 말이야."

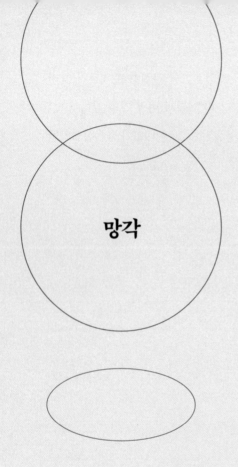

망각

나의 온 관심은 오직 여기 이곳에 있다.

♀ 　 차가운 유리창에 바짝, 아주 바짝 얼굴을 댄다. 유리창 너머로 희미하게 우리 아이들이 보인다. 기분이 좋아 코를 저편 유리창에 붙이고 손을 흔들고 있다. 아이들 옆에 앉은 플로리안이 구미베어 봉지를 뜯으며 내게 키스하는 신호를 보낸다. 그는 지금 아들과 딸을 데리고 2주 예정으로 휴가를 떠나는 참이다.

기차가 출발하는 순간 '아들이 울면 어쩌지.' 하는 걱정이 밀려온다. 제발 울지 마, 아가. 매일 아침 그러하듯 아이는 두 시간 전만 해도 식탁에 앉은 내 품을 파고들었다. 한쪽 엄지손가락을 빨면서 다른 손은 내 목욕가운 목 부분으로 쑥 집어넣은 채. 그런데 지금 아이는 누나와 함께 이 커다란 고속열차를 타고 남쪽으로 향한다.

몇 초 후 아이들이 시야에서 사라지고, 역을 빠져나오기 무섭게 마법의 손이 나를 툭 건드린 것처럼 아이들은 내 머리에서도 사라져버린다. 나는 상쾌한 공기를 들이마시며 스페어 강을 따라 프렌츨라우어 베르크 방향으로 걸음을 옮긴다.

오늘도 나는 아이들을 잊어버렸다. 솔직히 말하면 그 일은 매일 일어난다. 직장으로 달려가는 순간, 책상 앞에 앉는 순간 두 아이는 완전히 내 의식에서 사라진다. 지우개로 쓱싹 지운 것처럼. 눈에서 멀어지면 마음에서도 멀어지는 법!

물론 그 때문에 나는 잠재적으로 양심의 가책을 느낀다. 그래서 출장을 갔을 때는 매일 적어도 한 번은 집에 전화를 한다. 그리워서? 그렇게 하지 않으면 나쁜 엄마가 된 것 같은 기분 때문에? 나는 모성애가 부족한가? 자식을 사랑하지 않는 것일까?

데이비드 흄David Hume의 말에 따르면 진실은 조금 더 가혹하다. 인간은 남녀를 불문하고 자아가 없다. 흄은 소위 '꾸러미 이론'의 대표자다. 그에 따르면 나의 의식은 내 지각들의 협연에 불과하다. 어떤 성질이건 선행하는 자아는 존재하지 않는다. 자아는 뒤따라오는 효과로서만 존재한다. 나의 지각이 시공간적 접촉, 유사성, 인과성을 통해 서로 결합되는 것이며, 또 내가 기억을 갖기에 일관성 있는 자아의 인상이 탄생하는 것이다.

그렇다면 내가 주중에 풀타임으로 일을 해서 (더불어 몇 번 야근도 해서) 아이들을 아주 많이는 보지 못한다는 사실을 고려할 때 우리 아이들은 내 지각 꾸러미의 변두리에만 머무는 존재인 것일까? 그렇게 따지면 내가 나의 자아라고 믿는 그 꾸러미에는 대부분 직장 동료, 모니터, 책들만 담겨 있을 것이다.

오직 양적으로만 따진다면 말이다.

이 지점에 오면 흄의 꾸러미 이론이 의심스러워지기 시작한다. 어떤 인식을 특정한 형태와 강도로 지각 꾸러미에 받아들이는 기준이 무엇인지 흄은 대답할 수 없다. 그의 주장이 맞으려면 수용 여부를 결정하는 심리의 관할 관청이 있어야 하는 것이 아닐까? 특정 감각이 불러오는 인상의 강도와 의미를 판단하는 관할 관청이 있어야 하는 것이 아닐까? 휴가가 끝난 후 아이들과 플로리안을 다시 볼 것이라는 확신이 없다면 나는 아마 그들을 쉬지 않고 생각할 테니까 말이다.

그것으로 우리는 성큼 한 걸음 더 해답에 다가선다. 아이들을, 배우자나 다른 실존적 구성 요인들(일, 친구 등)을 잠시 잊기 위해서는 세 가지 전제 조건이 필요하다. 첫째, 상실의 공포가 없어야 한다. 둘째, 안 보는 사이 그들이 무사하다는 것을 믿어야 한다. 셋째, 그들을 대신하여 그들의 빈자리를 채울 것이 있어야 한다.

나는 기분 좋게 수상관청을 지나간다. 내 옆에서 관광객들을 가득 태운 기선이 경적을 울린다. 마음이 가볍다. 깃털처럼 가볍다. 두 아이와 남편, 주당 40시간의 일이 저 멀리로 밀려난다. 나의 온 관심은 오직 여기 이곳에 있다. 새 집처럼 포근하게 나를 감싸는 여기 이곳에. 이 순간 나는 내 인식의 총합에 불과하다. 흄의 꾸러미 이론이 뭔가 알고 있지 않을까?

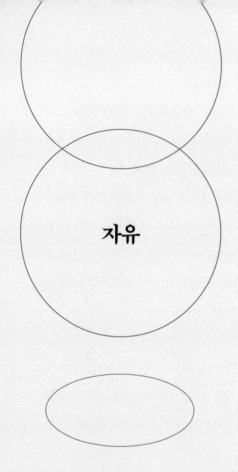

자유

나는 아이들 없이 집을 나설 수 있기 위해
아이들이 필요한 것이다.

♀　　　　　열흘 전부터 휴가인 데다 집에는 나 혼자뿐이다. 이른 아침부터 엎질러진 코코아 잔도 없고, 하루 종일 내 기운을 빼앗아가는 풀타임 직장도 없고, 집에 오자마자 다리에 매달리는 아이도 없고, 5층까지 낑낑거리며 들고 올라와야 하는 꽉 찬 장바구니도 없다. 고요와 넘치는 시간뿐이다. 글을 쓰고 운동을 하고 친구를 만나며 오직 내게 투자할 수 있는 시간이라니, 멋지다! 그런데 이 멋진 휴가의 하루하루를, 매 시간을 즐길수록 다른 맥락에서 너무나 잘 알던 그 동력 이론이 저 멀리서 다가오는 것 같다. 무엇이든 너무 많으면 가치가 폭락하는 법이며, 상황에 따라서는 부담이 될 수도 있다!

　　옷장이 미어터지면 옷을 버리고 정리를 하고 싶은 욕구가 든다. 자유도 꼭 그렇다. 넘쳐나면 순식간에 기분이 정반대로 바뀐다. 자유를 환영하지 못하고 고통으로 느끼게 되어 유명한 장 폴 사르트르Jean Paul Sartre의 말처럼 자유라는 '형벌을 받은' 기분이 든다. 모든 것을, 작은 걸음 하나하나를 일일이 내가 결정해야만 한다. 조깅을 할까, 아니면 사우나를 갈까? 집에서 저녁을 해 먹을까, 밖에서 사 먹을까? 집에 있을까, 나가서 친구랑 맥주 한잔 할까? 이 선택에서 나를 해방시켜줄 그 무엇도, 그 어떤 정해진 구조나 의무도 없다. 그래서 계속 정말이지 엄청나게 스트레스를 받는다.

그러나 사르트르 같은 실존주의자들에게는 이런 자유의 형벌이 일시적인 휴가 현상으로 그치지 않는다. 자유의 형벌은 우리 모두의 근본적 존재 상황이다. 나의 경우 일상의 의무가 사라지고 조용해지니 더욱 부각되었을 뿐이다. 사르트르는 《존재와 무》에서 우리는 태어날 때부터 "자유 안으로 내던져졌다."라고 말했다. 그 어떤 운명도 우리의 인생을 결정하지 못한다. 우리 인생을 결정하는 이는 오직 우리 자신뿐이다.

물론 우리가 바꿀 수 없는 것들이 있다. 우리는 특정 나라에서 특정한 신체를 갖고 태어났고 특정한 부모의 자식이다. 하지만 이런 사실들에 대응하는 행동을 할 수 있다. 그 상황에 대처할 수 있고, 아무리 소소하다 해도 그 상황을 이용할 수도, 그렇지 않을 수도 있으며, 세상에 관심을 가질 수도, 그렇지 않을 수도 있고, 아이를 낳을 수도 있고, 그렇지 않을 수도 있으며, 결혼을 할 수도, 안 할 수도 있다.

물론 미쳐서 내달리는 보통의 일상에서는 이런 실존적 자유를, 사르트르가 말한 이 '존재의 구멍'을 거의 느끼지 못한다. 하지만 혼자 있으면 자유를 위대하고 거대한 무無로서 느낄 수가 있다. 그 어떤 스트레스도, 마감의 압박도, 자식마저도 우리의 관심을 이 무로부터 돌릴 수가 없는 것이다.

우리 모두가 가슴에 담고 있고 우리를 에워싸고 있는 자유가 황홀경으로 바뀌는 순간들이 있다. 강제를 벗어던지는 순간, 금지와 기대를 외면하는 순간, 진정한 의미에서 우리의 자유를 받아들이는 바로 그 순간이다. 그 경계 넘기가 반드시 대단한 일일 필요는 없다. 아주 작은 위반으로도 너끈하다. 우리 딸이 태어난 지 몇 달 뒤의 그때처럼.

그날 아침 나는 아이를 낳은 후 처음으로 혼자 빵을 사러 나갔고, 신생아를 키우는 젊은 엄마들처럼 허둥지둥 빵을 사서 집으로 달려가지 않고 10분 동안 제과점 앞 의자에 앉아 햇볕을 받으며 커피를 마셨다. 그 10분으로 충분했다. 나의 내면은 다시 반짝였고, 나는 그날을 평생 잊지 못할 것이다.

자유를 느끼기 위해서 경계를 뛰어넘어야 한다는 사실은 사르트르 역시 잘 알고 있었다.

"통행금지가 풀려서 밖으로 나갈 수 있게 된다면 (이를테면 통행증이 있어서 가능했던) 밤 외출의 자유가 과연 무슨 의미가 있단 말인가?"

조금 더 역설적으로 표현해보자면, 나는 아이들 없이 집을 나설 수 있기 위해 아이들이 필요한 것이다. 참 좋다. 얼마 안 있으면 아이들과 남편이 돌아온다.

식인종

이른 아침 우리는 굶주린 식인종마냥
아이의 냄새를 맡고 살을 깨물어댄다.

♂   일요일 아침, 아들이 눈을 뜨기도 전에 온 가족 (엄마, 아빠, 누나)이 아기 방을 기습 공격한다. 우리는 아이가 입은 우주복을 벗긴 뒤 아이의 팔을 잡아당기고, 씻지도 않은 발가락 냄새를 맡으며, 통통한 손가락을 깨물어댄다. 굶주린 식인종 떼거리마냥.

"살이 야들야들하네."

"흐으으으음. 맛있는 아기 허벅지가 여기 있네. 한 입만 베어 먹어도 될까?"

"발 냄새 좀 맡아봅시다. 냄새가 아주 좋은데요. 발가락도 한 입 깨물어도 될까요?"

"앙, 손가락 좀 먹어보자."

"귀도 예쁘네. 앙!"

아이는 아직 잠이 덜 깬 상태로 우리를 쳐다보다가 히죽 웃거나 딸꾹질을 하거나 환호성을 지르기 시작한다. 다행히 이게 다 장난이란 것을 아는 것이다. 아니면 그냥 우리 말을 못 알아들어서일까?

어쨌든 부모라면 누구나 이런 충동을 느껴봤을 것이다. 아기가 너무너무 사랑스러워서 확 잡아먹고 싶은 충동이 생긴다. 아기에게서는 너무나 향기로운 젖 냄새와 엄마 냄새, 살내음과 피 냄새가 난다. 정말이지 꽉 깨물어 먹고 싶은 충동을 부채질한다.

아기의 손과 발은 어른의 입에 한 입 거리로 쏙 들어간다. 그러니 부모가 아기 엉덩이를 살짝 깨무는 행동은 조금 더 확장되고 조금 더 강렬해진 형태의 키스와 애무가 아니고 무엇이겠는가?

실제로 지그문트 프로이트는 카니발리즘(인간이 인육을 상징적 의미나 실제 음식으로 먹는 풍습—옮긴이)을 섹슈얼리티의 유아적 형태라고 보았다.

"최초의 (……) 전생식기의 성 기관은 구강 혹은 식인의 기관이다."

그는 또 이렇게도 말했다.

"여기서 성행위는 아직 음식물 섭취와 분리되지 않으며 (……) 성의 목적은 대상의 섭취다."

그렇게 본다면 우리는 우리 아들을 향한 카니발리즘적 행동을 어떤 식으로든 모방하는 것이며, 아이에게 유혹당해 전생식기로 퇴행한 셈이다.

그럼에도 나는 자기 자식을 한 입 먹고 싶은 충동이 들 때마다 화들짝 놀란다. 오래전 마드리드의 프라도 미술관에서 봤던 그 유명한 프란시스코 고야Francisco Goya의 〈아들을 잡아먹는 사투르누스〉가 떠오르기 때문이다.

그림에서는 신들의 아버지 사투르누스가 갓 태어난 아들들 중 하나를 움켜잡고 광기 어린 거친 눈빛으로 팔을 하나 뜯어먹고 있다. 아이의 목 윗부분은 없고 붉게 물든 몸통밖에 남아 있지 않아서 사투르누스가 이미 머리를 다 먹어 치웠다는 것을 알 수 있다.

그리스 신화에 따르면 사투르누스는 자식에게 권력을 빼앗길지 모른다는 두려움 때문에 자식이 태어나는 족족 다 잡아먹었다고 한다.

그러니까 사실은 나도 속으로 이러다 내 재산을 다 빼앗길까 겁이 나는 것이 아닐까?(170쪽 '지출' 참고) 사랑해서 그런다는 나의 행동도 알고 보면 은밀한 식인 행위의 (조금 덜 터부시하는) 대리 행위인 것은 아닐까? 프랑스 인류학자 클로드 레비스트로스Claude Lévi-Strauss의 말대로 사실 알고 보면 우리 모두는 '식인종'인 것일까?

만일 그렇다면 우리는 마법적 카니발리즘의 한 형태를 추종하고 있는 셈이다. 상대(적이든 자기 가족이든 상관없이)의 몸이나 그 일부를 먹으면 상징적으로 그의 힘이 내 것이 된다고 믿는 그런 카니발리즘 말이다.

미셸 드 몽테뉴Michel de Montaigne의 에세이 《식인종에 대하여》에서는 방금 전에 친척 한 사람을 잡아먹은 한 식인종이 이렇게 외친다.

"이 근육, 이 살과 혈관은 너희들의 것이다. (……) 너희 조상들의 체액과 팔다리가 아직 그 안에 담겨 있는데 못 느끼겠느냐? 어서 한 입 먹어보아라. 그러면 너희 살의 맛을 볼 수 있을 테니까."

그러니까 이른 아침 우리가 아들을 잡아당기고 냄새를 맡고 깨무는 것은 아들이 우리에게서 앗아간 에너지를 상징적인 방식으로 되찾으려는 노력인 것이다.

아이는 우리의 밤잠을 앗아간다. 아이는 우리의 머리숱을 가져가고 스베냐의 가슴에서 젖을 빨아먹고 그녀의 몸에서 기운을 빨아먹는다.

우리는 그 모든 것을 (사회적으로 인정되는 승화된 방식으로 쪽쪽 뽀뽀를 하고 살짝 깨물어 먹는 척하면서) 도로 가져온다. 카니발리즘적 교환 행위, 주고받기인 것이다. 물론 가족끼리만 통하는 행위다.

마지막으로 한마디 더 덧붙이자면, 이런 심오한 사상을 이야기해준 적도, 문제의 그 고야 그림을 보여준 적도 없는데 딸이 얼마 전에 종족 카니발리즘의 문제를 전혀 새로운(아주 삐딱

한) 차원에서 언급하였다. 남동생이 사과를 잘 받아먹는 걸 보더니 이렇게 말한 것이다.

"너는 나중에 사과하고 결혼을 해야겠다. 그럼 자식을 잡아먹는 건가?"

돌고 돌아

영원 같은 그 한순간, 우리는 하나가 되고
벽시계의 시곗바늘은 걸음을 멈춘다.

♂   품에 안은 아들을 바라보다 문득 계시처럼 깨달음이 밀려왔다. 먼 훗날의 한 장면이 눈앞에 선명히 그려졌다. 아들을 품에 안고서 아이의 정수리를 쳐다봤다. 아이는 엎드리거나 옆으로 돌아눕지 않고 똑바로 누워만 있어서 뒤통수에 머리카락이 자라지 않은 작은 원이 생겼다.

문득 내 눈앞에 있는 아이가 아들이 아니라 할아버지로 바뀌었다. 내가 아기일 때 돌아가셔서 직접 뵌 적은 없지만 사진으로 많이 봤던 우리 할아버지! 나는 할아버지를 많이 닮았다. 할아버지가 건축가이자 화가여서 집안 곳곳에 할아버지가 그린 그림이 많이 붙어 있었다.

갑자기 눈앞에 할아버지의 머리가, 백발의 정수리와 휑한 뒤통수가 보였다. 그리고 눈 깜짝할 사이 다시 그것은 나의 뒤통수로 바뀌었다. 머리카락을 다 밀어버린 나의 뒤통수, 백발이 성성한 케라틴 찌꺼기, 머리카락이 빠져 벗어진 자리… 나를 뒤에서 본 적이 없으니 당연히 상상일 테지만 안 봐도 내 뒤통수가 우리 아들, 우리 할아버지와 똑같이 생겼을 것이라는 것을 나는 잘 안다.

내 머릿속에서 삼대가 포개져 똑같아지는 동안 나의 시간 인식도 변한다. 시간의 일직선이 꺾이면서 100년이 순식간에 허물어져 1초로, 시간 저편의 한 호흡으로 뭉친다. 아기가 된 할아버지, 내 나이가 된 우리 아들, 할아버지가 된 나, 우리 할아버지만큼 나이를 먹은 우리 아들이 눈앞에 떠오른다. 영원 같은 그 한순간, 우리는 하나가 되고 벽시계의 시곗바늘은 걸음을 멈춘다.

로마의 황제이자 철학자였던 마르쿠스 아우렐리우스Marcus Aurelius가 시간에 대해 했던 그 난해한 말의 뜻을 이제야 제대로 이해할 것 같다.

"지금 일어나는 일을 본 자는 예전에 있었던 일과 영원히 일어날 일을 전부 보았다."

시간은 직선이 아니라 원형으로 흐른다. 시간은(기독교적 시간 개념을 믿는 전통 속에서 자란 우리가 믿는 것처럼) 앞으로 일직선으로 나아가지 않으며, 헤겔Hegel에서 프랜시스 후쿠야마Francis Fukuyama에 이르기까지 역사 철학자들이 생각했던 대로 이상적인 역사의 최종 상태를 향해 목적론적으로 움직이는 것이 아니다. 시간은 바퀴처럼 돌아간다. 태양 아래 새로운 것은 없다. 현상과 인간과 분자(벗어진 머리)의 숫자는 제한되어 있고 따라서 어쩔 수 없이 언젠가는 반복되어야 한다.(친척이어서 유전자풀의 일부와 문화 및 관습적 특징을 공유한다면 그 반복이 더 빨리 일어날 것이다.) 달리 말하면 나는 할아버지를 회상하는 것이 아니다. 할아버지는 이 이미지, 이 광경, 이 순간에 실제로 존재한다. 마찬가지로 나는 아기이자 노인이고, 우리 아들은 어른이자 할아버지이며, 어디선가 저 구석에서는 아직 태어나지 않은 내 손자가 빼꼼 고개를 내밀고서 우리를 엿보고 있을 것이다.

아들이 고개를 돌려 미소를 지으며 나를 바라본다. 그 순간 먼 훗날은 사라지고 시곗바늘은 다시 움직이며 에피파니(계시, 깨달음)는 끝이 난다.

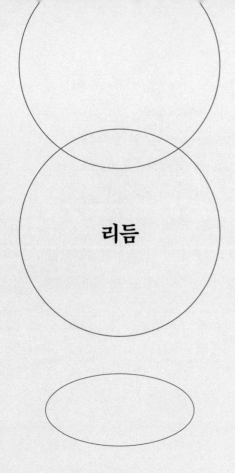

리듬

마-마, 파-파, 하나둘, 하나둘.
아기는 음악을 하기 시작한다.

♂ 11개월 무렵이 되었을 때 우리 아들이 처음으로 '파파'라고 말했다. 그리고 며칠 후에는 '마마'라고 하더니 '다다', '바바'처럼 '아' 모음으로 시작하는 다른 소리들도 내기 시작했다.

♀ 지금 도대체 무슨 소리를 하는지 모르겠네. 단언하건대 '마마'가 먼저였어.

스베냐의 말이 사실이건 내 말이 사실이건 그것은 중요하지 않다. 첫째, 이런 말은 어차피 그냥 튀어나오는 소리일 뿐이다. 누구를 부르는 소리인지, 사실 부르기나 했는지 아무도 모른다.

둘째, 누가 아들한테 매력을 어필하여 먼저 승리를 거머쥐었건 간에 우리는 둘 다 말할 수 없이 기쁘다. 이런 단순한 말 아닌 말로 우리 아들이 마침내 멋진 상징적 소통의 왕국에 입성했기 때문이다.

언어학적으로 볼 때 '마마'와 '파파' 같은 단어는 중복을 통해, 다시 말해서 형태소 '마'와 '파'*가 반복되어 만들어진다. 그러니까 아기가 이 단순한 두 음을 반복하여서 규칙적인 2/2박자의 리듬을 만든다고도 말할 수 있다.

마-마, 파-파, 하나둘, 하나둘. 아기는 음악을 하기 시작한다. 언어의 음악을!

실제로 우리 아들이 나를 보고 처음으로 파파라고 불렀던 그 순간과,

♀ 마마라고 불렀던 순간에도

문득 아이들이 태어난 이후로 우리의 삶에 리듬과 멜로디가 넘쳐난다는 생각이 들었다.

물론 나는 어릴 때부터 악기를 연주했고, 음악과 글쓰기를 뺀 나의 인생은 생각할 수도 없다. 하지만 아빠가 된 이후로는 아무리 작은 행동도 다 리듬을 타게 된 것 같다.

•

캄캄한 암호언어학적 순간이면 아기들의 소리 선택이 언어학적으로 엄마를 선호하게 되어 있다는 의심이 스멀스멀 밀려온다. m도 p도 양순음이어서 입술, 즉 아기가 주로 애무를 경험하는 기관으로 만드는 소리다. 하지만 m은 한참 이어서 소리를 낼 수 있는 유성음이다. Mmmmmmmmm. 그리고 그 소리는 빨고, 젖을 먹고, 애무하는 소리처럼 들린다. 반대로 p는 짧은 무성파열음이다. 아이가 그 음을 내뱉을 때는 아빠를 확 떠밀어버리고 싶은 것 같다.

아기는 흔들흔들 토닥토닥 재운다. 자장자장 자장가, 꼼지락꼼지락 손가락 놀이도 박자를 탄다. 이유식을 아이 입에 넣어줄 때도 숟가락을 규칙적으로 넣었다 뺐다 한다. 아이가 입을 벌리지 않으면 나는 아이 앞에서 숟가락을 빙빙 돌려 최면을 건다.

아이를 키워보지 않은 사람이 유모차를 미는 내 모습을 봤다면 아마 바로 병원으로 데려가야 하지 않을까 고민할 것이다. 최근에 마트에서 카트를 연신 앞으로 밀었다 뒤로 당겼다 반복하는 내 모습을 깨닫고 깜짝 놀란 적이 있다. 카트에 든 우유팩과 요구르트 병과 기저귀가 깨지 않고 계속 자기를 기원하기라도 한 걸까….

프랑스 철학자 미셸 세르Michel Serres의 말에 따르면 아기들이 반복과 멜로디, 리듬을 좋아하는 것은 질서를 향한 인간의 원초적 욕망 때문이라고 한다. 세상에 태어나면서 내던져진 어지러운 혼돈을 짜임새 있게 정리하고 싶은 갈망 때문이라는 것이다.

"우리의 신경 구조는 다사다난하고 우연에 좌우되는 이 소란의 한가운데에 질서가 나타날 경우 아무리 미세한 부분이라도 그것에 반응을 하게 되어 있다. 신생아의 옹알이는 자신을 둘러싼 혼돈 속에서 아이가 찾아낼 수 있는 규칙성의 표현인 것이다."

그러나 미셸 세르에 따르면, 이런 리듬화와 구조화는 가장 빠른 언어 표현, 즉 귀엽게 옹알거리는 것은 '엄마'나 '아빠'에서 시작되는 것이 아니라 엄마 배 속에서 태아의 심장이 속눈썹처럼 미세하게 뛸 때부터 이미 시작된다. 음악은 존재의 바탕이자 전제 조건인 것이다.

"심장, 맥박, 호흡, 수면, 소화… 신체는 쉬지 않고 리듬을 만들어낸다. 이런 진동하는 결체조직들이 없다면 우리의 신체는 애당초 탄생할 수도 없을 것이고, 유지는 아예 생각할 수도 없을 것이다."

그러니까 수태의 순간이 우리들 귀에는 들리지는 않지만 이미 첫 북소리요, 가장 최초의 음악적 순간인 것에는 의심의 여지가 없다.

"정자가 난자와 결합되면 그 둘의 만남이 칼슘의 진동을 불러일으키고 거기서 시작된 파동의 리듬이 세포 분할을 결정하게 된다."

물론 그렇게 되자면 이 진동보다 앞서 반복되는 노래를 동반하는 극도로 리드미컬한 부모의 동작이 먼저 있어야 하지 않을까?(122쪽 '기원' 참고)

질서정연하게 잘 돌아가던 일상에 아이가 혼란과 불안을 몰고 온다고 말하는 사람들이 많다. 하지만 가만히 귀 기울여 들어보면 정반대의 현상을 목격할 수 있다.

아이들은 질서와 리듬과 음악을 동반한다. 가끔씩 내뱉는 고함과 소란에 묻혀 아빠와 엄마가 못 듣고 지나치기 일쑤지만 말이다.

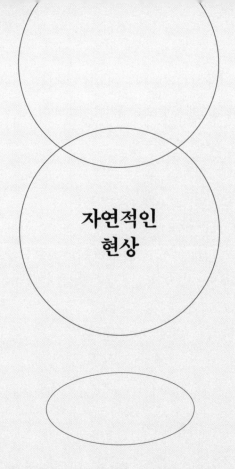

자연적인
현상

아들이 잠에서 깼을 때
아빠가 아니라 엄마를 찾는 이유는 뭘까?

♂ "어어어어엄마!" 아이들 방에서 소리가 들리면 아무리 곤한 잠에 빠졌다가도 눈이 번쩍 뜨인다. 시계를 보니 2시 반. 나는 어둠 속에서 스베냐가 누운 쪽으로 고개를 돌린다. 그녀 역시 분명 잠이 깼을 테지만 나처럼 자는 척하고 있을 것이다. 기싸움. 먼저 몸을 일으키는 쪽이 진다. 5초 후에도 스베냐가 여전히 일어날 기미를 안 보이자 나는 몸을 일으켜 따뜻한 이불을 걷어차고 아이들 방으로 터덜터덜 걸어갔다. 엄마를 부른 것으로 미루어 나더러 오라는 말은 아니었을 테지만.

♀ 플로리안의 말이 사실일까? 아이들이 부르는데 자는 척을 하다니. 나는 절대 그런 기억이 없다. 아주 작은 기척만 느껴도 절로 눈이 번쩍 뜨이고 놀라서 벌떡 일어난다. 오히려 플로리안이 소리가 들리거나 말거나 계속 잘도 잔다.

아들이 내가 아니라 스베냐를 불러서 기분이 나빴던 것은 아니다. 오히려 좀 놀랐다. 지난 7개월 동안 아이를 키운 사람은 나였다. 스베냐는 출근을 하기 때문에 거의 하루 종일 밖에 있다. 그동안 성별만 바꾸지 않았을 뿐 내가 엄마를 대신하여 할 수 있는 모든 것을 다 했다. 먹이고 입히고 기저귀 갈고 자장가 불러 재우고 페킵에도 데려갔다. (160쪽 '묻지도 않고' 참고) 병원과 아기 수영장도 데려갔다. 아기 띠에 매달고 베를린 시내를 족히 1,000킬로미터는 걸었을 것이며, 놀이터와 모래 놀이장, 키즈카페에서 아이와 함께 족히 10만 시간은 보냈을 것이다. 지난여름에는 해수욕장에 데리고 갔는데 잠깐 한눈을 판 사이 아기가 내 젖꼭지를 빨기도 했다. (물론 성과는 없었지만.)

그러니까 내가 하고 싶은 말은 우리 사이가 정말로 찰떡같다는 소리다. 우리 아들은 나를 정말 잘 안다. 그러니까 아무리 생각해도 밤에 깨면 "아아아아아빠!"라고 불러야 마땅하다. 그런데 그러지 않는다. 아이는 엄마를 외쳐 부름으로써, 20세기 후반의 가장 중요하고 가장 영향력 있으며 내가 가장 사랑하는 이론의 건물을 와장창 무너뜨렸다. 그것은 바로 후기 구조주의다.

♀ 그래서 내가 '탯줄 자르기'와 '남성의 무력함'에서 반박을 했던 것이다. 남성도 아이 옆에 있을 수 있고 사랑으로 보살필 수 있다. 하지만 그것으로 아버지 역할이 끝나는 것은 아니다. 만일 그렇다면 그 남성은 영원히 부족한 엄마로 그칠 것이다. 내 말을 오해하지 말기 바란다. 나도 아빠가 아이 곁에 있기를 바란다.

(그리고 전일제 직장인으로서 그런 아빠가 필요하기도 하다.) 하지만 문제는 아빠만이 가지는 것이 무엇이냐 하는 것이다. 엄마는 갖지 못한, 아빠만 가진 것이 무엇일까? 무엇이 아빠를 엄마와 구분 짓는가?

이 사상의 출발점은 우리의 세계 인식이 항상 텍스트를 통해 왜곡된다는 주장이다. 그러니까 인간, 사물, 의미는 자유롭게 떠다니는 기호의 놀이를 통해서만이 탄생된다. 이미 구호가 되어버린 자크 데리다의 유명한 공식처럼 "텍스트 바깥에는 아무것도 없다!"는 것이다. 담론 너머의 현실은 없다. 우리의 말과 생각이 사물을 불러온다.

완전 공감한다! 나는 늘 그렇게 생각해왔다. 이런 확신은 무엇보다 젠더와 성별에 대한 나의 인식에 영향을 미쳤다. 미셸 푸코와 주디스 버틀러의 말대로 나는 그 무엇보다도 성 정체성의 영역에서 담론에 앞서는 사실은 없다고 믿었다. 그러니까 남자와 여자는 자연적으로 이렇고 저런 것이 아니라 사회와 사회 담론을 통해서 비로소 형성된다고, 즉 '만들어진다고' 믿었던 것이다.

남편은 매일 하루 12시간씩 회사에서 일하느라 주말에나 겨우 아이 얼굴을 보고("엄마, 저 아저씨 누구야?") 아내는 아이를 키우고 양말을 집고 밥상을 차리면서 행복을 느낀다는 생각은 당연히 이데올로기의 구조물이다. 하지만 버틀러 같은 여성 철학자들은 거기서 한 걸음 더 나아간다. 그들에 따르면 이런 정체성이 생산되는 순간은 삶의 형태뿐 아니라 여성과 남성의 신체는 물론 아직 젠더화가 되지 않은 신체에서도 표출된다. 그러니까 신생아는 의사가 "딸이에요!"라고 외치는 순간 여자로 만들어지는 것이다. 생물학적 성별 역시 그 자체로 존재하는 것이 아니라 수행 행위를 통해 만들어진다. 해부학은 프로이트가 말한 대로 '운명'이 아니라 헤게모니적 담론의 산물이다. 이성애적 매트릭스의 창조물인 것이다.

우리 큰아이는 이런 굳건한 믿음 한가운데에서 태어났다. 그리고 또 한 명의 아이가 더 태어났다. 이 아이들과 함께 모든 담론을 앞서는 생물학적 사실들이 존재할지도 모른다는 불쾌한 깨달음이 밀려왔다. 물론 똑같은 사실을 두고도 다른 설명과 평가와 이데올로기적 해석이 가능하겠지만(수유를 둘러싼 대립되는 견해들만 봐도 알 수 있다.) 열띤 토론과 철학으로도 바꿀 수 없는 사실이 있다는 깨달음이 밀려왔던 것이다.

이를테면 출산 준비 과정 중에는 남편들이 배에 무거운 것을 차고서 임신이 등과 관절에 미치는 영향을 몸소 체험하는 과정이 있다. 하지만 무거운 것을 열 달 내내 배에 차고 다닌다고 해도 나는 결코 내 몸속에서 작은 생명체가 자라는 느낌을 알 수 없다. 산통을 겪어보지 못할 것이기에 출산의 고통이 어떨지 죽었다 깨어나도 알 수 없을 것이고 아이가 몸 밖으로 나온 후의 그 기쁨과 안도감을 절대 느끼지 못할 것이다.(28쪽 '진통' 참고) 나는 절대 산후 우울증이 뭔지, 젖몸살과 유두 염증이 뭔지 모를 것이다. 성형 수술을 해서 가슴을 어마어마하게 키울 수는 있겠지만 아기가 젖을 빨 때 기분이 어떨지 절대 모를 것이다. 우리 아들 역시 젖을 먹으면서 느끼는 그 신체적 친밀함을 내게서는 절대 느끼지 못할 것이다. 엄마와 자식의 긴밀한 생물학적 결합을 나는 절대 경험하지 못할 것이다.

♀ 바로 그거다! 바로 그런 이유로 플로리안은 상징적 균형을 통한 불균형의 해소를 다시 한번 고민해봐야 한다.

아들이 밤에 내가 아니라 엄마를 부르는 이유도 어쩌면 바로 그 때문일지 모른다.

나는 더듬더듬 어두운 복도를 걸어 조심스럽게 아기 방의 문을 연다. 우리 아들이 침대에 서서 난간을 꼭 붙들고 잠에 취한 눈으로 나를 빤히 쳐다본다. 나는 아이의 겨드랑이에 손을 집어넣어 아이를 번쩍 들어 올린 후 가슴에 안는다. 아이는 내 어깨를 파고들며 흡족한 듯 말한다.

"엄마."

투명 사회

우리의 사생활은 아이들의 탄생과 더불어
막을 내렸다.

♂ 　　　개그 프로에나 나올 법한 한 장면. 스베냐와 내
가 싸운다. 아이들을 키우는 부모라면 다들 그럴 것이다. 과로
와 피곤. 우리는 아이 방에 들어가서 문을 닫고 다툰다. 거실에
서 도우미가 청소를 하고 있어서다. 딸아이는 학교에 갔고 아
들은 침대에 서서 흥미진진한 표정으로 우리가 싸우는 소리를
듣는다. 싸움이 끝나고 복도에서 도우미를 마주치자 그녀가 씩
미소를 짓는다. 다 안다는 듯, 딱하다는 듯, 아니면 재미있다는
듯? 흠. 거실에 가서 초록색 불빛이 반짝이는 베이비폰 수신기
의 램프를 본 순간 이유를 깨달았다. 아침에 까먹고 수신기를
끄지 않았고, 그 기계의 송신기는 당연히 아이 방에 있다. 도우
미가 뜻하지 않게 우리가 싸우는 소리를 다 들은 것이다.

　　이런 창피가! 벌겋게 달아오른 내 머릿속으로 데이터 보
호, 사생활 보호 같은 요즘 유행하는 말들이 펄럭펄럭 떠돌아
다녔다. 철학자 한병철의 말이 옳다. 우리는 투명 사회에 산다.
비밀이 없는, 정말 모든 것을 공개하는 투명 사회다. 아무도 몰
래 싸우지 못한다. 자기 집에서도!

물론 우리 부부 싸움의 실황 중계는 한병철이 말한 자본주의 시스템의 전체주의적이고 포르노그래피적인 투명성의 강제 때문이 아니라 우리가 덜렁거려서다. 그럼에도 이 순간 베이비 폰은 국가의 전화 감시, 페이스북 알고리즘, 데이터 마이닝, 디지털 폭로와 같은 대열에 서 있는 것만 같다.

저녁에 또 한 번의 폭로전이 벌어진다. 딸이 초등학교 친구를 집에 데려왔는데, 둘이서 식탁에 앉아서 웃고 떠들자 아들이 아침에 우리의 부부 싸움을 지켜볼 때처럼 홀린 듯 바라보았다. 동생의 관심에 신난 딸의 친구는 자기 집 저녁 식탁에서 일어나는 일들을 거침없이 털어놓기 시작했다. 부모님이 식사할 때 얼마나 쩝쩝거리는지, 포도주를 얼마나 많이 마시는지, 포도주를 마시고 입술을 얼마나 우스꽝스럽게 핥는지…. 포도주를 많이 마셨을 때는 발을 식탁에 올려놓고 트림을 하고 방귀를 뿡뿡 뀐다고 한다. 또 포도주를 거나하게 마시면 몰래 동생을 만들려고….

그만! 나는 외친다. TMI! 과하다! 물론 남의 집을 훔쳐보는 재미가 쏠쏠할 수도 있다. 우리 딸이 친구네 집에 가서 똑같이 우리 집의 정보를 거침없이 까발리지 않는다는 보장만 있다면 말이다. 우리 딸이 우리의 난감한 실수와 버릇과 비밀을 여과 없이 남의 집안으로 실어 나르고, 그것으로도 모자라 뻥을 쳐서 극적 효과를 가미하지 않는다는 보장만 있다면.

불쾌한 깨달음이 밀려온다. 사생활의 끝은 꼭 스마트폰을 장만하고 페이스북과 트위터 계정을 열지 않아도 이미 시작되었다. 우리의 사생활은 아이들의 탄생과 더불어 훨씬 더 순박하고 섬세한 방식으로 막을 내렸다. 우리는 살과 피로 만들어진 두 대의 감시 장치를 집안으로 불러들였다. 성능 좋은 두 대의 인간 기계, 고해상 카메라와 마이크로폰, 촉각·미각·후각 센서를 갖추고 엄청난 용량과 사용 범위를 자랑하는 올라운드 기계, 수신기, 저장 매체, 송신기를 한 몸에 구비한 천하무적 기계를! 최악은 우리가 이 작은 감시 장치를 세상 그 어떤 기계 장치보다 더 뜨겁게, 더 진심으로 사랑한다는 사실이다. 그것들을 세상에서 가장 부드러운 터치스크린보다 더 사랑스럽게 쓰다듬으며, 어디를 가나 데리고 다닌다. 그래서 그것들은 정말이지 한 사람의 모든 것을 폭로할 수가 있는 것이다.

자식을 키우는 부모는 제러미 벤담의 유명한 원형 감옥인 파놉티콘Panopticon의 죄수들처럼 항상 감시를 당하고 있다는 사실을 잊지 말아야 한다. 쉬지 않고 자제하고 마음을 다스려야 할 것이며, 이웃, 친구, 팔로워들에게 말하지 못할 일은 절대 해서는 안 된다. 그리고 난감한 잘못을 저질렀다면 다른 이가 먼저 말하기 전에 자수를 하는 것이 좋다. 아이를 키우는 사람이라면 자신의 가장 곤욕스러운 실수와 은밀한 불안과 심오한 사상을 주제로 책을 한 권 쓰고도 남는다.

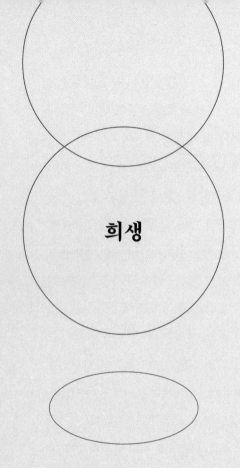

희생

그녀는 자기 삶을 선택했다.
나와 마찬가지로.

♀ 　　　　여름날의 베를린. 나는 옛 친구와 쇠네베르크의 한 주점에 앉아 있다. 친구는 세 아이와 잘나가는 변호사 남편과 같이 사는 집에서 바로 이곳으로 왔고 나는 오늘도 야근을 한 직장에서 바로 왔다.

그럼에도 나는 기분이 좋다. 내 일이 재미나기 때문이다. 친구에게 그렇게 말했지만 친구의 눈빛에선 여전히 미심쩍은 기운이 가시지를 않는다.

"흠. 뭐, 네가 그렇다면 그렇겠지. 어쨌근 다행이라 할 수 있겠네."

친구가 툭 던지듯 이렇게 말했다. 나는 맛있게 맥주를 홀짝인다. 하루 종일 열심히 일한 후 마시는 맥주는 원래가 달콤한 것인 데다가 오늘 같은 무더운 여름밤에는 더 말할 것이 없다. 그런 뒤 조금은 긴장한 상태로 친구가 무슨 말을 할지 기다린다.

"애들 볼 시간이 없지 않아? 네 남편이 다 하니? 그렇지 않다면 네가 너무 희생하는 거잖아."

아, 이런! 또 그 소리다. 같은 여자의 입에서 나온 그 소리. 이번에는 세 아이를 키우는 엄마, 뼈 빠지게 법학을 공부해서 우수한 성적으로 대학을 졸업한 뒤 지금은 가사와 육아를 담당하는 여성이다.

우리 둘 중 누가 진짜 희생을 하는지, 그 물음이 혀끝까지 치밀었지만 꾹 참았다. 정작 우리가 만날 때마다 한탄을 늘어놓는 쪽은 그녀다. 남편은 늘 집을 비우고, 자신은 일할 기회를 놓쳐서 화가 난 상태이며, 그녀가 지치지 않고 강조하듯 아이들은 마지막 인내심까지 갉아먹는다고.

놀랍다. 퇴근 후 남자들하고 맥주를 마실 때는 그 어떤 식으로건 '희생'이라는 말을 들어본 적이 없다. 하지만 아직도 많은 여성들이 어떤 이유인지 몰라도 그 단어에 집착하는 것 같다. 수천 년의 부계사회를 거친 후라 아직 자신을 설명할 적절한 대안을 찾지 못한 것처럼 말이다.

그에 따르면 여자는 곧 희생이다. 다른 대안이 없다. 일을 하면 남성의 법칙이 지배하는 세상에게 희생당한다. 집에 있어도 남자의 희생물이다. 그녀를 불행으로 내모는 남편이나 파트너들의 희생물인 것이다. 같은 여성이지만 나는 절대 동의할 수 없다.

충분히 강인한 힘을 가지고 있음에도 불구하고 여성들이 아직 희생자의 지위를 넘지 못했다는 나의 주장을 입증하는 대표적인 사건이 미투 운동이다. 미투 운동의 경우 수천 명의 여성들이 동참하여 자신이 받은 성적 차별과 모욕을 고발하거나 '미투'를 외침으로써 큰 호응을 얻었다. 그런데 이 사례들에서는 한 가지 특이한 점이 눈에 띈다. 일부 여성들이 마조히즘에 가까울 정도로 스스로를 희생자 역할에 붙들어 맨다는 사실이다. 물론 실제로 여자라는 이유로 기회를 얻지 못하는 상황들이 있다. 또 협박과 성희롱, 강간의 경우는 은폐해서도 안 되고 정당화해서도 안 된다.

하지만 우리는 그 정도로 남성의 힘에 무력하게 당하는 연약한 성이 아니다. 미투 해시태그를 단 사연들을 죽 읽어보면 서구 사회의 여성들은 작고 순진하고 무방비 상태인 어린 토끼여서 나쁜 늑대(남자)가 마음만 먹으면 언제든지 잡아먹을 수 있다는 느낌이 든다. 왜 스스로 강인함을 포기하고 연약함을 선택할까?

흥미로운 사실은 이들 여성들이 바로 그 피해자 역할로부터 도덕적 힘을 끌어낸다는 사실이다. 여성은 약하고 억압받는 존재이기에 항상 옳은 편에 서 있다. 하지만 조금 더 자세히 들여다보면 그것은 편리하고 비겁할 뿐 아니라 막대한 공격성을 몰래 숨기고 있는 비열한 입장이다.

페미니스트 시몬 드 보부아르가 유명한 저서 《제2의 성》에서 다루었던 것도 바로 이런 입장이다. 그녀는 여성의 태도를 선험적으로 변호하지 않는다. 오히려 이런 피해자 입장에서 수동적-공격적으로 행동하는 여성의 도덕적 우월의식을 비판적으로 조명한다. 보부아르는 말한다.

"여성이 종종 잔인할 수 있는 것은 그 때문이다."

"여성은 약자의 편이라는 이유만으로 양심의 가책을 느끼지 않는다. 특권을 누리는 사람들은 어떤 이유에서건 보호할 필요가 없다고 생각한다."

이뿐이 아니다.

"내재성의 형벌을 받은 여성은 남성을 자신의 감옥으로 끌어들이려 노력한다. 여성은 이 감옥을 세상과 동일시하고 갇혀 있어도 고통스러워하지 않는다. 엄마, 아내, 연인은 여성 간수들이다. 남성의 법칙에 지배당하는 사회는 여성을 열등하다고 선언한다. 여성이 이 열등함을 벗어던질 수 있는 길은 남성의 우월함을 파괴하는 길뿐이다. 따라서 여성은 온갖 수단을 총동원하여 남성을 절단하고 지배하려 애쓰며 남성의 진리와 가치를 부인하고 반박한다."

보부아르가 이 말을 할 때가 1949년이다. 지금이야 그녀의 말이 당시만큼 딱 들어맞는 것은 아니겠지만 그래도 이 말은 지금 내가 쇠네베르크의 술집에서 나누고 있는 이런 대화의 배경을 환히 비추어주는 조명이 된다.

보부아르의 저서가 현실적이지 못한 지점은 단 한 곳뿐이다. 운이 넘치게 좋아서 서구 사회에서 태어난 오늘날의 여성들은 결코 "내재성의 형벌을 받지" 않았다. 전후 세대와 달리 지금 우리 사회에는 여성의 직업 활동을 힘들게 하거나 아예 금지하는 법 조항이 존재하지 않는다. 당시와 달리 남녀 평등법이 있고 어린이집이 있으며 방과 후 학교가 있고 아동 수당이 나온다.

　　나와 마주 앉은 세 아이의 엄마인 그 친구도 누구의 강요로 그렇게 사는 것이 아니다. 그녀는 자기 삶을 선택했다. 나와 마찬가지로.

꽃이 피다

이곳에 아름다운 천국을 만들어라.
내세도, 부활도 없나니.

♂   11월의 어느 흐린 목요일 아침, 우리 아들은 평화롭게 부엌 바닥에서 놀고 있고 나는 아침 먹은 설거지를 하며 라디오를 듣는다.

아침 예배 방송 시간인지, 라디오에서는 목사님이 사후의 생에 대해 설교를 하는 중이다. 그가 위로 차원에서 마르틴 루터의 〈죽음 준비에 대한 설교〉를 인용한다.

"(죽음은) 아이가 엄마 몸이라는 작은 집에서 위험과 불안을 품고서 이 넓은 하늘과 땅으로 태어나는 것과 같습니다."

1519년 종교개혁자 마르틴 루터는 비텐베르크Wittenberg에서 이렇게 설교했다.

"인간은 죽음의 좁은 문을 거쳐 이생을 빠져나갑니다. 우리가 지금 사는 이 세상과 하늘이 아무리 크고 넓어 보여도 앞으로 만날 하늘에 비한다면 너무나 좁고 작습니다. 어머니의 몸이 이 하늘과 비교할 때 그런 것처럼 말입니다. (……) 죽음의 통로가 좁은 탓에 이생이 넓고 저세상이 좁은 것처럼 생각될 것입니다. 그래서 우리는 죽을 때에도 (……) 무서움의 실체를 잘 따져서, 죽은 후에 우리 앞에 드넓은 공간과 기쁨이 펼쳐질 것이라는 사실을 알아야 합니다."

생각이 반은 설거지에, 반은 아들에게 가 있었고 아직 잠도 덜 깬 상태라 뇌 용량의 3분의 1밖에는 가동하지 못한 상태였다.

3분의 1이 아닌가? 아침이라 아직 피곤이 덜 풀려 계산이 틀렸던 것일까?

어쨌거나 나중에 다시 한번 루터의 설교문을 읽어본 후 나는 대체 루터와 라디오의 목사님이 그 이상한 비유로 무슨 이야기를 하려 했던 것인지 따져 묻기 시작했다.

그러니까 우리가 아직 '현실'의 충만한 세계에 도착하지 못한 채 줄지어 서 있는 태아에 불과하다는 말일까? 이 땅에서의 현존은 그저 성숙의 과정일 뿐이며 눈에 보이는 세계는 거대한 자궁에 불과한 것인가? 그리고 '내세로 들어가는 길(죽음: 루터의 표현대로 하면 죽음의 기술)'은 우리가 언젠가 사후의 생으로 밀려나기 위해 고통스럽게 통과해야 하는 일종의 산도産道인 걸까?

고대 그리스 어문학자이자 한때 개신교도였던 나로서는 이런 사고방식이 전혀 낯설지가 않다. 현세의 가상세계를 어머니의 몸에 비유하는 방식은 플라톤의 《국가》에 나오는 지옥(물론 그 안에서는 한 명의 태아만이 아니라 태아의 무리가 우글우글 모여 이데아 세상에서 태어나기를 기다린다.)을 떠오르게 한다.

또 내세의 왕국이야말로 우리가 들어가야 할 삶의 최상의 형태이고 지상에서는 이 대단한 삶의 희미한 자취만 붙들 수 있을 뿐이라는 사상은, 위대한 프로테스탄트 바로크 시인 바르톨트 하인리히 브로케스를 떠오르게 한다. 그의 시 〈한밤에 핀 벚꽃〉은 먼저 꽃을 활짝 피운 나무의 순백의 아름다움을 칭송하지만, 그것은 빛나는 별빛을 보면서 저세상에는 훨씬 더 밝고 화려한 빛의 원천이 존재할 것이라는 사실을 깨닫기 위한 전주곡에 불과하다.

브로케스의 〈한밤에 핀 벚꽃〉은 내가 좋아하는 시지만 현세의 빛과 삶을 무시하는 루터의 태도는 의심스럽기 그지없다. 더구나 제아무리 아름다운 달빛과 별빛도 결코 상대가 되지 못할 환한 미소가 매일 아침 나를 맞이하는 요즘에는 더욱더 그러하다.

게다가 나는 죽음이 '제2의 탄생'이라는 생각이 아무리 매력적이라고 해도 사후의 생을 믿지 않는다. 내가 보기에는 내세에서 무엇이 우리를 기다릴지를 가장 설득력 있게 예측한 사람은 아르투어 쇼펜하우어인 것 같다. 언젠가 그는 죽음 이후의 상태(비상태라는 말이 더 적절할 수 있다.)는 탄생 이전의 그것과 같다고 말했다.

"죽음을 무서워하는 이유가 존재하지 않을 것이기 때문이

라면 우리가 아직 없었을 그 시간도 똑같이 무서워야 할 것이
다. 죽은 후의 무無가 탄생 이전의 그것과 다를 수 없고, 따라
서 한탄할 일이 없을 것임은 반박할 수 없는 확실한 사실이기
때문이다."

　루터와 마찬가지로 쇼펜하우어는 탄생과 죽음을 동일한
현상으로 파악했다. 우리를 현생의 공간으로 들여보내거나 떠
나보내는 문이나 터널로 말이다.

　하지만 루터와 달리 쇼펜하우어는 이 문의 저편에는 무의
상태가 기다리고 있을 것이라고 주장했다. 단 한 번의 탄생이
있을 뿐이고, 그 이후 우리에게 주어진 정해지지 않은 생의 햇
수가 있을 뿐이라고 말이다.

　몇 달 후의 어느 화창한 봄날, 나는 우리 아들을 태운 유모
차를 밀며 프렌츨라우어 베르크의 포플러 가로수 길을 걷다가
벽돌담으로 두른 묘지공원으로 들어섰다. 언제나처럼 그곳 주
민들이 인생 모토로 삼을 만한 두 줄의 멋진 시가 나를 반겨 맞
았다.

　　지금 이곳에 아름다운 천국을 만들어라.
　　내세도, 부활도 없나니.

출입문 위에는 큰 글자로 이렇게 적혀 있다. 지빠귀 한 마리가 총총 무덤 사이를 뛰어다니고 지렁이들이 부드러운 땅에서 기어 나오며 벚꽃이 활짝 피었다.

묘지 뒤편 끝자락에 모래 놀이장이 딸린 놀이터가 있다. 아이를 유모차에서 들어 올려 두 손에 삽을 쥐여 주었다. 아이는 나무와 꽃과 하늘 쪽으로는 고개도 한 번 돌리지 않고 곧장 땅을 파기 시작했다.

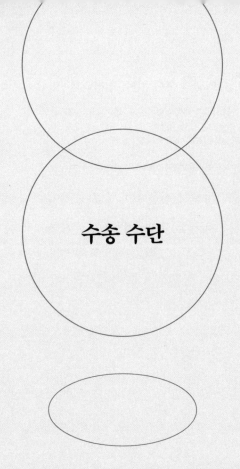

수송 수단

엄마는 아이를 수령하여 보관했다가
세상으로 내보낸다.

♂   걱정스럽게도 얼마 전부터 아들은 바퀴가 붙은 것만 보면 무조건 바닥에 대고 밀었다 당겼다 하면서 입술로 디젤엔진 소리를 흉내 낸다. 부릉부릉, 부릉부릉! 유모차에 태우고 공사 현장을 지나면 무조건 멈추라고 하고서는 레미콘과 트럭을 홀린 듯 쳐다본다.

그래서 뭐 어떻다고? 아마 이렇게 생각할 사람들이 많을 것이다. 아이가 자동차를 좋아하나 보네. 그 또래 남자애들은 다 그래.

아니야! 나는 화가 나서 반박한다. 첫째, 나는 엔진이 달린 개인 교통수단이 환경과 사회와 교통 정책을 궁지로 몰아넣고 있기 때문에 한시바삐 그 궁지에서 빠져나올 방안을 모색해야 한다고 생각한다. 그러자면 우리 아이들 세대는 자동차를 타고 싶다는 마음이 아예 생기지 않도록 어릴 때부터 자전거와 기차만 태워야 할 것이다. 둘째, 사내아이는 장난감 자동차를 좋아하고 여자아이들은 말을 좋아한다는 생각은 까마득한 선사시대의 성차별적 고정관념이 아니던가? 오래전에 이미 이성애적

규범의 산물로 밝혀지지 않았던가?

그러나 우리 아들은 실제로 장난감 자동차를 좋아하고 딸은 예전부터 말에 관심이 더 많았다. 스베냐와 나는 단연코 그런 성향을 부추긴 적이 없다. 그렇다면 왜 우리 아이들은 적어도 이동 수단과의 관계에서만큼은 성차별적 고정관념에 따르는 행동을 하는 것일까?

한 가지 대답은 프랑스 철학자이자 '질주학자'(이동 방식을 연구하는 학자—옮긴이) 폴 비릴리오Paul Virilio에게서 찾을 수 있을 것 같다. 그는 논문 〈승객의 윤회〉에서 남성은 태어날 때 자신을 몸에 담고 있다가 세상으로 내보내준 '여성의 승객'이었다고 주장했다. 이런 의미에서 본다면 어머니는 "인류 최초의 수송 수단이요 최초의 차량"인 셈이다. 너무 기계적으로 들릴 수도 있겠지만 제법 매력적인 생각이다. 따지고 보면 임신과 출산과 관련된 모든 이야기에는 수송과 배달의 이미지가 가득하니까 말이다. 엄마는 아이를 '수령'하여 '보관'했다가 '세상으로 내보낸다.' 가능성의 창고에서 현실로 상품처럼 배달한다. 황새가 아이를 물어다준다는 옛날이야기는 이런 이미지를 항공 우편의 영역으로 옮겨놓은 것일 뿐이다.

비릴리오의 비유를 더 생각해보면 '여성'은 Y염색체를 가진 동족과는 전혀 다른 질주학적 지위를 누린다. 여성도 남성처럼 승객으로 태어나지만 남성과 달리 성숙하여 스스로 수송

단이 될 수 있다. 남성은 평생 승객의 역할에 머무르지만 여성은 잠재적 차량이다. 여성의 정체성은 유동적이지만 남성의 정체성은 제자리에 멈춰 있다. 그러니까 남녀의 차이는 자동차를 타는 것과 자동차가 되는 것의 차이라고 말할 수 있다.*

우리 아들이 이 불쾌한 진실을 돌도 안 지난 어린 나이에 벌써 예감했다는 것이 내 이론이다. 신비주의에 가까운 우리 사회의 자동차 숭배는 어쩌면 남자들이 차를 탈 수만 있지 절대 차가 될 수는 없다는 모욕감을 극복하지 못했기 때문일지도 모른다. 남자들이 자동차에 목숨을 거는 이유는 우리 모두가 열 달 동안 타고 다녔지만 이제는 두 번 다시 오를 수 없는 그 최초의 수송 수단, 그 엄마 자동차가 그립기 때문일지도 모른다. 그러기에 비릴리오는 근친상간을 악순환이라고, '나쁜 여행'이라고, 근원으로 돌아가려는 금지된 나쁜 승차라고 불렀다. 그러니까 젊은 남자들의 자동차 열광은 잘못 승화된 오이디푸스 콤플렉스에 불과할지도 모른다.

부릉부릉, 부릉부릉!

●
실제로 여성과 자동차는 (누가 봐도 확실한 현상학적 차이에도 불구하고) 수많은 남성들의 인식에서 비슷한 지위를 차지한다. 신분의 상징, 장신구, 섹시한 욕망의 대상인 것이다. 피렐리 달력과 관능적인 포즈로 주유건을 자동차 주유구에 집어넣는 소프트 포르노의 장면들이 대표적인 증거일 것이다. 자동차 경주 포뮬러 1에도 증거는 있다. 유명 선수 세바스티안 베텔은 자기 차에다 '굶주린 하이디', '변태 카일리', '흥분한 맨디' 같은 온갖 여자 이름들을 갖다 붙인다.

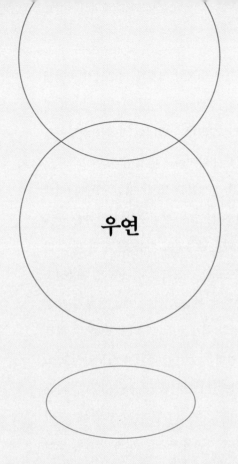

우연

모든 것은 아직 먼 미래의 일이다.

♂   때는 바야흐로 2050년. 독일 연방 통계청이 발표한 남성의 기대 수명대로라면 나는 벌써 죽고 없을 것이다. 스베냐는 아직 몇 년 더 건강하고 행복한 과부의 삶을 누릴 수 있을 것이다.

그리고 우리 아이들은 한창때일 것이다. 한창 열심히 일하고 가정을 꾸리고 우리 부부보다 더 나은 삶을 살 테지만, 안타깝게도 조만간 우리의 서재를 정리해야 할 시간이 다가올지도 모른다.

깃털처럼 가벼운 전자책 단말기로 그때그때 출판된 온갖 지식을 주머니에 넣고 다니며 필요할 때마다 꺼내볼 수 있는 시대일 것이므로 아이들은 우리가 남긴 누렇게 변한 몇 톤의 종이책을 바라보며 고개를 절레절레 저을 것이고 어쩌자고 옛날 사람들은 이렇게 책마다 다 공을 들여 겉표지를 만들었을까 궁금해할 것이다.

그리고 그들은 이마를 찌푸린 채 우연히 어떤 책 앞에서 걸음을 멈출 것이다. 그 책의 제목이 자식을 사랑하는 부모라면 절로 걸음을 멈추게 하고 이마를 찌푸리게 만들 테니까 말이다. 초록 바탕에 검은 세리프체 글씨로 적은 책의 제목은 바로 이것이다.

태어나서 나쁜 점에 대하여

헐~ 대박! 아이들은 이렇게 생각할 것이다. 하긴 2050년에는 놀랄 때 다른 말을 할지도 모르겠다. 어쨌든 아이들은 생각할 것이다. 우리 부모가 언제, 어떤 목적으로 이런 책을 장만했을까? 아이들은 그 책을 서가에서 빼내어 펼칠 것이고, 그 순간 너무 읽어 너덜너덜해진 한 페이지가 절로 펼쳐질 것이며, 오래전 내가 줄을 그어놓은 경구가 눈에 들어올 것이다.

"나의 탄생은 우연이며 가소로운 우발사라는 것을 나는 알고 있다. 그럼에도 자칫 자제력을 잃으면 나의 탄생이 1등급 사건인 양, 세상의 유지와 균형에 없어서는 안 될 사건인 양 행동한다."

루마니아의 허무주의자 에밀 시오랑Emil M. Cioran이 이런 말로 펼쳐 보인 긴장 상태는 생각하는 인간이라면 아마 모두가 익히 알 것이다. 우리는 우리의 탄생이 그 뒤를 따르는 생명들과 마찬가지로 객관적으로 볼 때 전혀 중요하지 않다는 사실을 잘 안다.

그럼에도 자신의 현존에 의미를 부여하지 않을 수 없다. 우리의 우주에서는 우리가 인식의 중심이기 때문이다. 우리의 주관적 인지, 우리의 사고가 우리 우주의 바탕을 이루기 때문이다. 우리가 죽으면 이 세계도 따라서 소멸되고 마는 것이다.(166쪽 '시간' 참고)

우리 자식들에게도 똑같이 냉혹한 실상이 적용된다. 그들 역시 우연이며 사고다. 2050년이면 산전검사와 유전자공학이 발달하여 사정이 달라졌을지도 모르겠다. 그러나 그날이 올 때까지는 인간의 외모, 성격, 변덕, 약점, 장점은 대부분 우연의 산물이다.

첫아이가 태어나기 전에는 어떤 아이가 우리에게 올지 전혀 예상하지 못했다. 하지만 그 아이가 태어난 순간 '응애응애' 우는 그 작은 존재가 지금과 다르리라(지금보다 더 나으리라)는 생각을 할 수 있을 것 같지 않았다.

아이는 정확히 그 모습대로 완벽했고, '1급 사건'이었으며, 세상(적어도 나의 세상)의 유지에 꼭 필요한 존재였다. 그때의 그 형태가 순수하게 우연의 산물이며, (할머니, 할아버지와 몇몇 친척과 친구를 제외하면) 우주의 대부분이 아무런 관심도 없다는 사실을 익히 잘 알고 있었음에도 그랬다. 이런 모순에 부모인 우리가 어떻게 대처할 수 있을까? 이런 긴장을 어떻게 외면할 수 있을까?

내가 생각하는 유일한 방법은 영국 시인 새뮤얼 테일러 콜리지Samuel Taylor Coleridge가 불신의 의도적 정지willing suspension of disbelief라 부른 심리적 자기기만이라는 술수를 쓰는 것이다. 콜리지는 그 말을 문학 작품과 관련하여 사용했다.

허구의 작품이라는 것을 알면서도 우리는 왜 소설이나 연극에 빠질 수 있는 것일까? 책을 읽거나 연극을 보는 시간 동안 일시적으로 우리의 불신을 멈추기 때문이다. 미적 경험의 시간 동안 객관적으로는 존재하지 않는 의미를 예술 작품에 부여하기 때문이다.

그와 비슷하게 자신과 자식의 생명 역시 허구의 작품으로 파악할 수 있다. 쉬지 않고 막강한 의지를 발휘하여 현존의 우연성을 인식하지 않으려 노력하며, 아내(남편)와 자식을 주인공으로 삼아 지금껏 세상에 나온 가족 소설 중 가장 중요하고 아름다운 소설을 쓰는 것이다.

물론 지금 이 순간 수십억의 다른 사람들이 전혀 다른 인물을 주인공으로 삼아 비슷한 소설을 쓰고 있다는 사실을 너무나 잘 알지만 말이다.

2050년에 그 낡은 시오랑 판본을 집어든 우리 아이들도 그 사실을 이해할지 모르겠다. 어쩌면 이해하지 못할지도 모르겠고, 어쩌면 문제의 그 책을 빌려줬다가 돌려받지 못했을지도 모를 일이다. 어쩌면 책벌레가 문제의 그 부분을 갉아먹었을 수도 있고 집과 서재가 몽땅 불에 타버렸을 수도 있다. 누가 알겠는가? 그때까지 일어나지 못할 일이란 없다.

그 모든 것은 아직 먼 미래의 일이다.

이제 그만

이제 그만 마침표를 찍어야 한다.

♀　　　　　사이즈 52의 파란색 바디. 두 아이가 입었던 옷이다. 작은 초록색 고무장화와 돌돌 말린 채 옷장 맨 구석에 숨어 있던 침낭도 두 아이가 썼던 것이다. 휴가를 낸 덕분에 옷장 정리를 할 시간이 생겼다. 나는 물건을 분류한다. 이쪽에는 추억이 깃들어 있어서 보관하고 싶거나 아직 아들이 쓸 수 있는 물건, 저쪽에는 보관하고 싶지 않아서 버릴 물건….

　이 빨간색 바지는? 우리가 뉴욕에 있을 때 두 살이던 우리 딸이 입던 바지다. 여기 이 파란색과 흰색 체크무늬 셔츠에는 아직도 토마토소스 자국이 남아 있다. 왜 거기 묻었는지 나는 지금도 기억이 선명하다. 작년 여름 브르타뉴에서 우리 아들이 조개를 먹다가 광분을 했던 것이다. 그러니까 이것도 보관하는 쪽으로. 이것들도 전부 아직 쓸 만한데… 혹시 우리가 한 번 더 임신을 해서 한 번 더 그 부드러운 태동을 느끼고, 한 번 더 그 쪼그만 애벌레(182쪽 '애칭' 참고)를 품에 안고, 한 번 더 마법 같은 시작의 시간을 가진다면….

　친한 부부들 중에도 아이가 셋이나 넷인 사람들이 있다.

나도 여자 동생이 둘이다. 물론 허구한 날 싸웠고 진짜로 치고 받으며 싸운 적도 많지만 셋이어서 숨바꼭질을 해도 더 재미있었고…. 어느새 나는 머릿속으로 세 아이를 키울 수 있도록 집을 개조하고 있다. 큰 뒷방에 아기 침대를 들이고 일주일에 세 번 베이비시터를 쓸까, 아예 입주 도우미를 들일까 고민한다.

너무 황홀해서 생각이 끝을 모르고 꼬리를 물고 계속 이어지다가 우르줄라 폰 라이엔Ursula von Leyen(유럽연합 집행위원회 위원장을 맡고 있는 독일 여성 정치인─옮긴이)에게로까지 나아간다. 폰 라이엔은 빨간색으로 밝은 빛을 내는 정지판이다. 여기서 멈추세요. 더 이상은 못 갑니다! 정지, 끝, 종결, 이제 그만!

우르줄라 폰 라이엔은 1987년부터 1999년까지 일곱 명의 아이를 낳았고, 의사이자 유명 정치가다. 물론 보수파 여성 정치가와 그녀의 삶을 비판하자는 것이 아니다. 나는 개인적으로 그녀가 어떤 사람인지 모른다. 다만 이 야심찬 여성은 내게 도를 넘은 상상의 '또 다른 자아Alterego'다. 내 욕망의 벼랑을 가차 없이 내 코밑으로 들이미는 또 하나의 자아.

나의 우르줄라가 내게 묻는다. 왜 셋째를 바라느냐고, 정말로 그 작은 생명을 원하느냐고, 그저 내가 얼마나 대단한 존재인지 만방에 과시하고 싶은 것은 아니냐고. 나는 철학자에다 편집장이며 책도 쓰고 아내와 엄마 노릇까지 척척 잘 해낸다. 세상이여, 무릎을 꿇어라! 아니, 이건 아니다. 이제 그만 마침표를 찍어야 한다. 철학자 한병철은 말했다.

"성과 주체는 끝을 낼 줄 모른다. 더 많은 성과를 내어야 한다는 강제에 짓눌려 부서진다."

완결된 것만이 서사 구조와 리듬, 박자를 갖는다. 종결된 것만이 편히 쉬며 '자족'한다. 우리 시대의 근본적인 문제는 종결의 능력을 잃어버렸다는 것이다. 우리는 도무지 끝을 모르고 밤에도 눈을 감을 수 없다.

"그 어디에서도 종결과 완결에 이르기 못하기에 시간은 쏜살같이 달려간다."

모든 것이 더 낫고 전혀 다르고 훨씬 아름다울 수 있을 것이다. 하지만 그 가정과 그것에 숨은 약속의 얼굴을 향해 "지금 있는 그대로도 멋지다."라는 말을 던져보면 어떨까? 최적화의 강제 대신 만족을 택해보면 어떨까?

나는 나의 작품을 바라본다. 완벽하다. 아직 입을 수 있는 아이들 옷을 잘 개어서 정리를 마친 빈 옷장에 집어넣는다. 이제 뭘 하지? 차를 마시고 신문을 읽자. 아이들이 태어나기 전에 그랬듯 평화롭게. 한 바퀴 뛰고 올까? 하지만 얼른 선반을 정리해야 버리려고 모아둔 아기 물품 상자를 올려둘 수 있을 것이다. 혹시 모를 일이지만 또 하나 더….

얼른 해치우자. 이것만 하고 나면 진짜 끝낼 것이다.

부모가
된다는 것

아이가 태어나는 순간
부모도 새로 태어난다

초판 1쇄 인쇄 2020년 6월 19일
초판 1쇄 발행 2020년 6월 24일

지은이 | 스베냐 플라스푈러, 플로리안 베르너
옮긴이 | 장혜경
펴낸이 | 한순 이희섭
펴낸곳 | (주)도서출판 나무생각
편집 | 양미애 백모란
디자인 | 박민선
마케팅 | 이재석
출판등록 | 1999년 8월 19일 제1999-000112호
주소 | 서울특별시 마포구 월드컵로 70-4(서교동) 1F
전화 | 02)334-3339, 3308, 3361
팩스 | 02)334-3318
이메일 | tree3339@hanmail.net
홈페이지 | www.namubook.co.kr
블로그 | blog.naver.com/tree3339

ISBN 979-11-6218-106-5 03590

값은 뒤표지에 있습니다.
잘못된 책은 바꿔 드립니다.

이 도서의 국립중앙도서관 출판예정도서목록(CIP)은 서지정보유통지원시스템 홈페이지
(http://seoji.nl.go.kr)와 국가자료종합목록 구축시스템(http://kolis-net.nl.go.kr)에서 이용하실
수 있습니다. (CIP제어번호 : CIP2020022094)